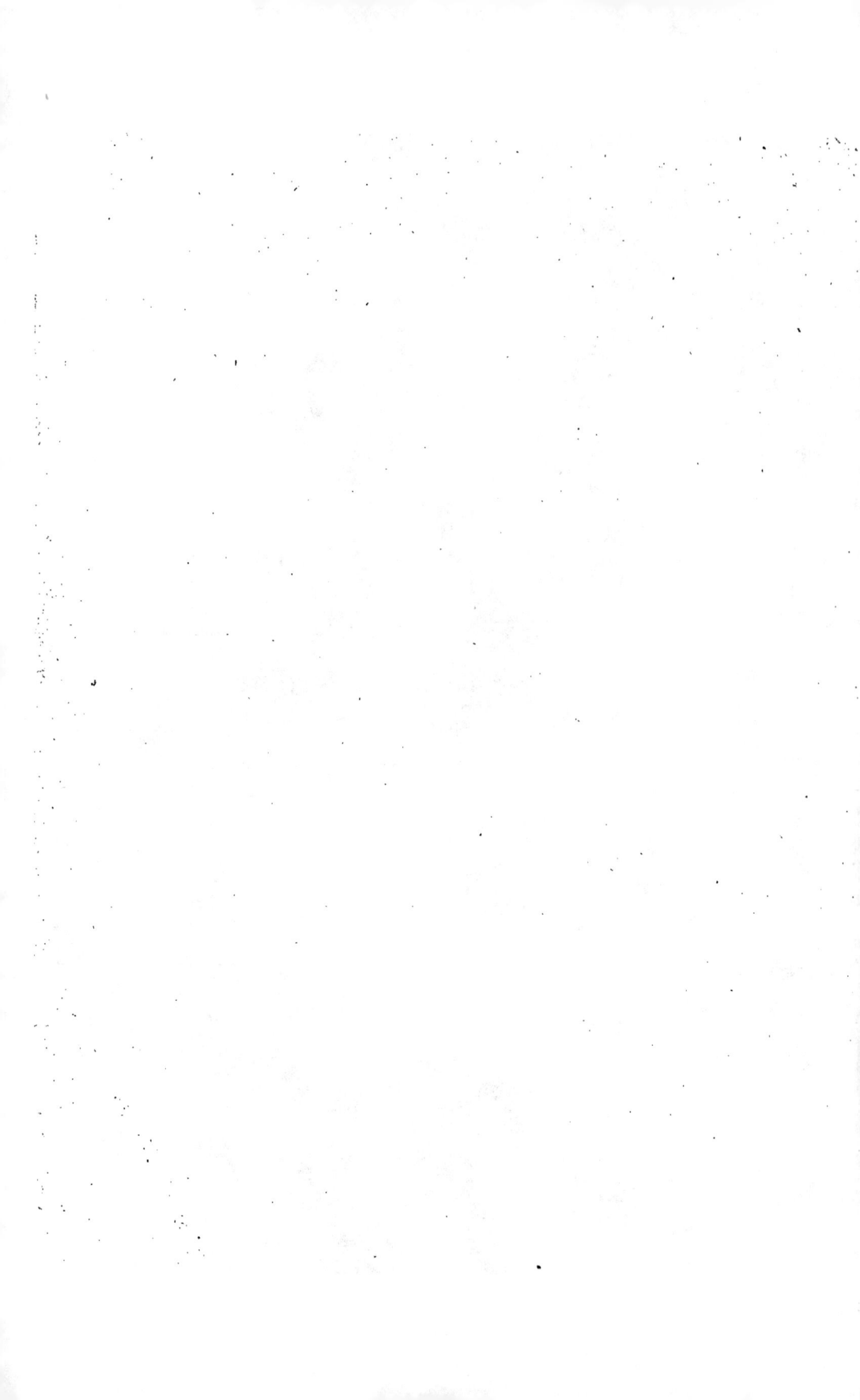

TRAITÉ

D'ARITHMÉTIQUE.

ⓐ

TRAITÉ

D'ARITHMÉTIQUE

ENTIÈREMENT CONFORME

AUX NOUVEAUX PROGRAMMES OFFICIELS,

PAR

MM. C. DUMONT ET L. AURIFEUILLE,

ANCIENS ÉLÈVES A L'ÉCOLE POLYTECHNIQUE, PROFESSEURS DE MATHÉMATIQUES
A L'INSTITUTION DIOCÉSAINE DE PONS.

DEUXIÈME ÉDITION

Revue, corrigée et considérablement augmentée,

D. O. M.

TOULOUSE

TYPOGRAPHIE DE BONNAL ET GIBRAC

Rue Saint-Rome, 46.

1859

TRAITÉ

D'ARITHMÉTIQUE.

PREMIÈRE LEÇON.

DES NOMBRES ENTIERS.

On appelle *grandeur* ou *quantité*, tout ce qui est susceptible de *variation*.

Pour se faire une idée précise d'une grandeur, il est nécessaire de la comparer à une grandeur de même nature, bien connue, mais arbitraire, que l'on appellera *unité*.

Le résultat de la comparaison d'une grandeur à son unité, est ce qu'on appelle un *nombre*.

Un nombre est dit *entier*, s'il est formé de la réunion de plusieurs unités; il est dit *fraction*, s'il est plus petit que l'unité, et s'il est formé par la réunion de plusieurs unités avec une grandeur plus petite que l'unité, il est dit *fractionnaire*.

Un nombre est dit *abstrait*, quand on ne désigne pas l'espèce de grandeur qu'il représente, et *concret* dans le cas contraire.

La suite des nombres entiers est illimitée, car un nombre

1

entier étant conçu, on peut en concevoir un plus grand, formé en lui réunissant une unité.

Aussi, l'Arithmétique étant, comme son nom l'indique, *la science des nombres*, il faut nous occuper, avant tout, de les former, de les énoncer et de les écrire ; c'est ce qui constitue la *numération*.

D'après cette définition, la numération se divise naturellement en deux parties distinctes : la *numération parlée* qui est l'art de former les nombres et de les désigner à l'aide de mots, et la *numération écrite* qui est l'art de les représenter par l'écriture.

Dans tout ce qui va suivre nous ne nous occuperons que des nombres entiers, et pour plus de simplicité nous dirons *nombre* au lieu de dire *nombre entier*.

Numération parlée. — La numération parlée a dû incontestablement précéder la numération écrite.

Comme l'on sait déjà que la suite des nombres est illimitée, il semble qu'on ait dû créer une infinité de mots pour les désigner. Nous allons voir comment il a été possible d'éviter cet inconvénient, à l'aide de certaines conventions.

L'unité forme le premier nombre que l'on appelle *un*.

En ajoutant l'unité à elle-même, on obtient le nombre *deux*.

En ajoutant successivement l'unité à chaque nombre, au fur et à mesure qu'on les obtient, on forme les nombres *trois, quatre, cinq, six, sept, huit, neuf.*

En ajoutant une unité au nombre neuf, on forme le nombre *dix*, et c'est alors que, pour éviter la multiplicité des noms, on convient de regarder dix ou une dizaine comme une nouvelle espèce d'unité ou unité du second ordre [1].

On compte ensuite par dizaines comme on a compté par unités, et on donne aux neuf premières dizaines des noms

---

[1] Il est probable que, si on s'est arrêté à dix, de préférence à tout autre nombre, c'est à cause de la conformation de nos mains.

particuliers : *dix, vingt, trente, quarante, cinquante, soixante, soixante-dix, quatre-vingt* et *quatre-vingt-dix.*

En intercalant entre dix et vingt, vingt et trente, etc., les noms des neuf premières unités, on peut énoncer tous les nombres jusqu'à quatre-vingt-dix-neuf.

Ainsi, l'on dit : *vingt-un, vingt-deux, vingt-trois, vingt-quatre, vingt-cinq, vingt-six, vingt-sept, vingt-huit, vingt-neuf, trente, trente-un,* et ainsi de suite.

Toutefois, l'usage a encore prévalu de dire, au lieu de *dix-un, dix-deux, dix-trois, dix-quatre, dix-cinq, dix-six,* les mots *onze, douze, treize, quatorze, quinze, seize,* après lesquels on dit : *dix-sept, dix-huit, dix-neuf, vingt,* etc.

En ajoutant une unité au nombre *quatre-vingt-dix-neuf,* on forme la réunion de dix dizaines, ou l'unité du troisième ordre appelée *centaine.*

On compte par centaines, comme on a compté par unités et par dizaines, puis en intercalant entre *cent* et *deux cent, deux cent* et *trois cent,* etc., les quatre-vingt-dix-neuf premiers nombres, on comptera jusqu'à *neuf cent quatre-ving-dix-neuf.* En ajoutant une unité à ce dernier nombre, on forme la réunion de dix centaines ou l'unité du quatrième ordre appelée *mille.*

Ici, pour diminuer encore la multiplicité des mots, on est convenu de regarder l'unité du quatrième ordre comme une nouvelle *unité principale,* et de compter par unités, dizaines et centaines de mille, comme on avait compté par unités, dizaines et centaines simples. La dizaine et la centaine de mille sont les unités du cinquième et du sixième ordre.

On peut ainsi, par des intercalations successives, former et énoncer tous les nombres, jusqu'à *neuf cent quatre-vingt-dix-neuf mille, neuf cent quatre-vingt-dix-neuf unités.*

En ajoutant une unité à ce nombre, on forme la réunion de mille mille, ou l'unité du septième ordre appelée *million.*

On regarde aussi le million comme une nouvelle unité principale, ce qui permet de compter jusqu'à mille millions, ou l'unité du dixième ordre, appelée *billion* ; on s'élève de la même manière aux unités du treizième, du seizième ordre, ainsi de suite, appelées *trillion*, *quatrillion*, etc.

Ces unités du premier, quatrième, septième ordres et suivants, sont dites unités *des ordres ternaires*, parce qu'elles se succèdent de trois en trois rangs. Ces diverses unités principales ont, à partir du million, des noms qui rappellent ceux de la suite des nombres entiers.

Tel est le système de numération appelé *décimal*, ou dont la *base* est dix, parce qu'il faut dix unités d'un certain ordre pour former l'unité de l'ordre immédiatement supérieur.

Comme on peut concevoir des nombres de plus en plus grands, on aurait encore eu besoin, pour énoncer les unités des divers ordres ternaires, d'une infinité de mots; mais les mots déjà donnés sont suffisants, car lorsqu'un nombre excède une certaine limite, on ne peut, en l'énonçant, s'en faire une idée exacte.

Numération écrite. — La numération écrite est, comme nous l'avons déjà dit, l'art de représenter les nombres par l'écriture.

De même qu'on a donné des noms particuliers aux neuf premiers nombres, on les a représentés par des caractères particuliers appelés *chiffres* ; ce sont les suivants :

1	2	3	4	5	6	7	8	9
Un	deux	trois	quatre	cinq	six	sept	huit	neuf

Ensuite, pour transporter dans l'écriture l'heureuse invention des unités de divers ordres, on convient qu'un chiffre placé à la gauche d'un autre, exprime des unités dix fois plus grandes que celles qu'exprime cet autre. On voit d'après cela que tout chiffre significatif a deux valeurs différentes : une *valeur absolue*, c'est-à-dire que, quel que soit son rang, il exprime toujours un même nombre d'unités, et une *valeur relative*, c'est-à-dire que les unités qu'il représente sont de différentes espèces, suivant la place qu'il occupe.

Ainsi, d'après cette convention, 542 représente 2 unités, 4 dizaines et 5 centaines, ou cinq cent quarante-deux unités.

Toutefois, dans un nombre, les unités d'un certain ordre auraient pu manquer ; il était donc nécessaire pour se conformer à la convention établie, d'adopter un caractère particulier 0, appelé *zéro*, qui n'eût aucune valeur par lui-même; mais qui, en tenant la place des unités manquantes, fît exprimer au chiffre placé à sa gauche les unités qu'il doit réellement représenter.

Ainsi, avec l'aide de ce chiffre particulier, 502 représentera cinq cent deux unités ou cinq centaines, pas de dizaines et deux unités.

Maintenant, pour écrire des nombres aussi grands qu'on voudra, on observera que, d'après la manière dont la numération parlée a été conçue, il n'y aura, pour chaque ordre ternaire, que des centaines, des dizaines et des unités; par suite, en écrivant un nombre à mesure qu'il est énoncé, on n'aura, pour représenter les unités de chaque ordre ternaire, qu'à écrire un nombre de trois chiffres, en ayant soin cependant de remplacer par des zéros les unités des divers ordres qui pourraient manquer.

Il n'y aura pas plus de difficulté pour énoncer en langage ordinaire un nombre écrit :

$$28,532,408,796,096.$$

Car d'après la numération parlée, il suffira d'énoncer, à part, les unités ternaires de divers ordres : unités, mille, millions, etc., et, comme dans chaque ordre, il y a des unités, des dizaines et des centaines, représentées par l'ensemble de trois chiffres, il résulte que, si on forme sur ce nombre des tranches de trois chiffres à partir de la droite, la première représentera des unités simples, la seconde, des mille, etc... Le nombre donné s'énoncera donc ainsi : *vingt-huit* trillions, *cinq cent trente-deux* billions, *quatre cent huit* millions, *sept cent quatre-vingt-seize* mille, *quatre-vingt-seize* unités.

L'énonciation d'un nombre aussi grand qu'on voudra, se ramène donc à celle d'un nombre de trois chiffres au plus.

Remarque 1. — D'après la convention établie pour le zéro, et ce qu'on a dit pour les unités des divers ordres, on voit que, si l'on écrit à la droite d'un nombre un zéro, ce nombre est rendu dix fois plus grand.

En effet, comparons 42 et 420 : tandis que le premier renferme 2 unités, le second se compose de 2 dizaines, et tandis qu'il renferme 4 dizaines, le second renferme 4 centaines, c'est-à-dire des unités de l'ordre immédiatement supérieur.

Si on compare de même 420 à 4200, ce dernier nombre sera dix fois plus grand que 420 et cent fois plus grand que 42.

Donc, en écrivant à la droite d'un nombre, un, deux, trois zéros, ce nombre est rendu dix, cent, mille fois plus grand et ainsi de suite.

Remarque 2. — Puisque de deux nombres terminés par des zéros, celui-là est 10 fois plus grand qui a un zéro de plus, on peut dire que celui qui a un zéro de moins est dix fois plus petit : donc un nombre à la droite duquel on supprime un, deux, trois zéros, est rendu dix, cent, mille fois plus petit, ainsi de suite.

OPÉRATIONS DE L'ARITHMÉTIQUE.

Les questions les plus usuelles peuvent amener à réunir plusieurs nombres entr'eux ; cette opération se nomme *addition.* On l'indique par le signe + qui se prononce *plus*, et que l'on place entre les nombres qu'on veut réunir ; le résultat s'appelle *somme* ou *total.*

Les nombres qu'on peut avoir à réunir peuvent être tous égaux. Cette opération se nomme *multiplication.* On la représente par le signe × qu'on énonce *multiplié par*, à droite et à gauche duquel on écrit le nombre à répéter et le nombre de fois qu'on veut le répéter.

Le résultat se nomme *produit.* Les deux nombres en sont les *facteurs.*

Ces deux opérations ont leurs inverses : si connaissant la somme de deux nombres et l'un d'eux, on veut trouver l'autre, l'opération prend le nom de *soustraction*, et se représente par le signe — que l'on prononce *moins*, et que l'on place entre la somme et le nombre donnés.

Si, connaissant le produit de deux nombres et l'un de ces nombres, on veut retrouver l'autre, l'opération prend le nom de *division* et se représente par le signe — : au-dessus du trait on place le produit, et au-dessous, le facteur donné.

Ainsi, $\dfrac{35}{7}$ s'énoncent : trente-cinq divisé par sept.

Nous allons maintenant étudier chacune de ces opérations successivement. Nous dirons auparavant que, pour exprimer l'égalité de deux quantités, on se sert du signe = que l'on prononce *égale.* Ainsi, 3+7=7+3 s'énonce : trois plus sept égale sept plus trois. Les membres d'une égalité sont les quantités séparées par le signe =.

L'inégalité entre deux grandeurs se représente par les signes > ou < en mettant la plus grande du côté de l'ouverture. Ainsi, 7 < 9 et 8 > 5 s'énoncent : 7 plus petit que 9, et 8 plus grand que 5.

DEUXIEME LEÇON.

ADDITION.

L'*Addition* a pour but de trouver un nombre qui contienne à lui seul autant d'unités, qu'il y en a dans plusieurs autres considérés séparément.

Le résultat de l'opération se nomme *somme* ou *total*.

Nous avons déjà vu, dans la Numération un cas très simple d'addition, celui où l'on ajoute une unité à un nombre donné.

Ce cas nous permet de résoudre facilement tous les autres.

Soit à ajouter les nombres d'un seul chiffre 3, 5, 7, 9. Nous regardons comme évident que la somme ne changera pas dans quelque ordre qu'on effectue l'addition. Alors nous dirons $9 + 1$ font 10, $10 + 1$ font 11, $11 + 1$ font 12, $12 + 1$ font 13, $13 + 1$ font 14, $14 + 1$ font 15, $15 + 1$ font 16, et comme nous avons ajouté au nombre 9 l'unité sept fois de suite, nous avons obtenu la somme $9 + 7$ qui est 16. Recommençons la même opération sur la somme de 16 et de 5, nous obtiendrons la somme $9 + 7 + 5$ qui est 21; recommençant pour la somme de $21 + 3$, nous aurons enfin la somme demandée $3 + 5 + 7 + 9$.

L'exercice et l'habitude permettent d'effectuer rapidement l'addition d'un nombre d'un seul chiffre à un nombre quelconque.

Cela posé, soit à additionner les nombres 9878, 8967, 9868, 395. Disposons les uns au-dessous des autres, de telle sorte que les unités de même espèce se correspondent sur une même colonne verticale :

$$
\begin{array}{r}
9878 \\
8967 \\
9868 \\
395 \\
\hline
29108
\end{array}
$$

D'après la définition, le nombre cherché devra contenir autant de milles, de centaines, de dizaines et d'unités simples qu'il y en a dans chacun des nombres donnés.

Réunissant d'abord toutes les unités simples, nous dirons : 8 unités et 7 unités font 15 unités, et 8 unités font 23 unités, et 5 unités font 28 unités; mais comme dans 28 unités, il y a 8 unités simples et 2 dizaines, nous poserons 8 à la colonne des unités, et en passant à la colonne suivante, nous lui réunirons les 2 dizaines : c'est ce qui constitue la *retenue*.

Nous dirons donc : 2 dizaines de retenue, et 7 dizaines font 9 dizaines et 6 dizaines font 15 dizaines, et 6 dizaines font 21 dizaines, et 9 dizaines font 30 dizaines ou 3 centaines; on posera comme précédemment 0 dizaines à la colonne des dizaines et l'on réunira les centaines retenues à la colonne des centaines. On achèvera l'opération, en continuant de la même manière, et l'on trouvera ainsi pour somme le nombre 29108.

Nous avons commencé l'opération par la droite : il eût été indifférent de la commencer par la gauche, si le nombre d'unités d'une colonne verticale n'avait jamais surpassé 9.

Mais dans le cas où le nombre d'unités surpasse 9, il est clair que si l'on commençait par la gauche, il faudrait revenir sur ses pas pour modifier les colonnes à gauche, conformément aux retenues.

Remarque 1. — Dans toute addition, les chiffres qui forment une même colonne verticale étant tous moindres que 10, la retenue provenant de leur somme devra être moindre que le nombre de chiffres renfermés dans la colonne.

On appelle *preuve d'une opération,* une seconde opération qui sert à donner une probabilité de l'exactitude de la première. Pour faire la preuve d'une addition, il suffit d'ajouter les chiffres d'une même colonne de bas en haut, si l'on a commencé de haut en bas, ou inversement. On doit trouver le même résultat dans les deux cas, à moins qu'on ne se soit trompé dans l'une des deux opérations.

La preuve, quand elle donne le même résultat que la première opération, ne donne qu'une probabilité d'exactitude, car on pourrait avoir commis la même erreur dans les deux opérations.

RÈGLE GÉNÉRALE. — *Pour additionner deux ou plusieurs nombres entiers composés d'autant de chiffres qu'on voudra, on écrit tous les nombres les uns au-dessous des autres, de sorte que les unités de même ordre forment une colonne verticale, puis on souligne le tout pour le séparer du résultat que l'on écrit dessous.*

Ensuite, commençant par la droite, on additionne tous les chiffres de la première colonne ; si la somme ne surpasse pas 9, on l'écrit au-dessous de la colonne telle qu'on la trouve. Si elle surpasse 9, on écrit seulement le chiffre des unités et l'on retient les dizaines de surplus pour les additionner avec les chiffres de la colonne suivante, en commençant par la retenue.

On opère sur la colonne des dizaines et sur les suivantes, comme sur la première, jusqu'à la dernière colonne à gauche au-dessous de laquelle on écrit le résultat tel qu'on le trouve.

Le nombre ainsi écrit sous le trait est la somme demandée.

Remarque 2. — Si l'on a à additionner les nombres $9 + 4 + 2$, nous avons vu qu'on effectuait cette somme en effectuant celle des deux premiers : 13, puis la somme $13 + 2$.

Et comme l'on peut additionner dans un ordre quelconque, on peut effectuer d'abord $4 + 2$ qui est 6, et puis la somme $9 + 6$ qui devra donner $13 + 2$. D'où il résulte que dans la somme $9 + 4 = 13$, si l'un des nombres à ajouter augmente de 2, la somme augmentera de 2, ou que si la somme et l'une des parties augmentent de 2, l'autre partie n'a pas changé.

SOUSTRACTION.

La *Soustraction* est une opération qui a pour but, connaissant une somme composée de deux parties et que l'on appelle *nombre dont on soustrait,* ainsi que l'une de ses parties nommée *nombre à soustraire,* de trouver l'autre partie qui prend les noms de *reste, excès* ou *différence.*

La soustraction des nombres entiers présente deux cas :
1° Le reste est moindre que 10 ; 2° le reste est plus grand que 10.

1er *Cas.* — Soustraire 97 de 103.

Le reste est moindre que 10, puisque si on ajoute une dizaine à 97, il devient plus grand que 103.

Ce reste est donc exprimé par un nombre d'un seul chiffre, et comme, par l'habitude que l'on doit avoir acquise de faire des additions du premier cas, on sait quel est le nombre d'un seul chiffre qui ajouté à 97, donne 103, on trouve immédiatement que 97 ôté de 103, il reste 6.

Remarque. — Le reste d'une soustraction ne change pas, quand on augmente d'un même nombre les deux termes de la soustraction, car d'après la remarque 2 que nous avons faite sur l'addition, si l'on augmente la somme qui est ici le nombre dont on soustrait, et l'une des parties qui est ici le nombre que l'on soustrait de la même quantité, l'autre partie qui est le reste, ne doit pas changer.

Cette remarque nous permet de résoudre le cas le plus ordinaire de la soustraction.

2ᵉ *Cas.* — Soustraire 16575 de 340070.

Il suffit de soustraire toutes les parties qui composent 16575, de celles qui composent 340070. Je retrancherai donc les unités des unités, les dizaines des dizaines, les centaines des centaines, etc.

Pour opérer plus rapidement, j'écris le nombre à soustraire sous le nombre dont je dois le retrancher, de manière que les unités de même ordre se correspondent :

$$340070$$
$$16575$$
$$\overline{323495}$$

Après avoir souligné le nombre inférieur pour le séparer du résultat, je commence par la droite, et comme les 5 unités du nombre inférieur ne peuvent être soustraites du nombre supérieur qui n'en renferme pas, j'ajoute au nombre supérieur dix unités, et je dis : 5 ôté de 10, il reste 5, que j'écris sous la colonne des unités. J'ai donc ajouté 10 unités ou une dizaine au nombre supérieur. D'après la remarque qui précède ce deuxième cas, la différence ne changera pas si j'ajoute aussi une dizaine au nombre inférieur ; ainsi au lieu de retrancher 7 dizaines, j'en retrancherai 8, comme si le chiffre inférieur était 8 au lieu de 7, et comme les 8 dizaines du nombre inférieur ne peuvent être soustraites des 7 dizaines du nombre supérieur, j'ajoute au nombre supérieur 10 dizaines et je dis : 8 ôté de 17, il reste 9 que j'écris sous la colonne des dizaines. J'ai donc ajouté dix dizaines ou une centaine au nombre supérieur ; la différence ne changera pas si j'ajoute aussi une centaine au nombre inférieur ;

ainsi au lieu de retrancher 5 centaines, j'en retrancherai 6 comme si le chiffre inférieur était 6 au lieu de 5, et comme les 6 centaines du nombre inférieur ne peuvent être soustraites du nombre supérieur qui n'en renferme pas, j'ajoute au nombre supérieur 10 centaines et je dis : 6 ôté de 10, il reste 4 que j'écris sous la colonne des centaines. La différence ne changera pas si j'ajoute aussi un mille au nombre inférieur ; ainsi au lieu de retrancher 6 mille j'en retrancherai 7 comme si le chiffre inférieur était 7 au lieu de 6, et comme les 7 mille du nombre inférieur ne peuvent être soustraits du nombre supérieur qui n'en renferme pas, j'ajoute au nombre supérieur dix unités de mille et je dis : 7 ôté de 10, il reste 3 que j'écris sous la colonne des mille ; au lieu de retrancher 1 dizaine de mille j'en retrancherai 2 comme si le chiffre inférieur était 2 au lieu de 1, et je dis : 2 ôté de 4, il reste 2 que j'écris sous la colonne des dizaines de mille. Comme il n'y a pas de centaines de mille dans le nombre inférieur, j'écris au résultat les 3 centaines de mille du nombre supérieur. Il est à remarquer que chacune des soustractions que nous venons de faire, rentre dans le premier cas.

De ces raisonnements résulte la règle suivante :

Pour trouver la différence de deux nombres, on écrit le plus petit au-dessous du plus grand, de manière que les unités du même ordre se correspondent ; on souligne le tout ; à partir de la droite, on retranche chaque chiffre inférieur du chiffre supérieur correspondant, et on écrit la différence au-dessous. Si un chiffre inférieur est plus grand que le chiffre supérieur correspondant, on ajoute dix à ce dernier, en ayant soin d'augmenter d'une unité le chiffre inférieur dans la soustraction partielle suivante.

Pour faire la preuve d'une soustraction, il suffit d'additionner le reste avec le nombre à soustraire, et l'on doit, d'après la définition, trouver pour somme le nombre dont on a soustrait.

TROISIÈME. ET QUATRIÈME LEÇONS.

La multiplication est une opération qui a pour but de répéter un nombre donné autant de fois qu'il y a d'unités dans un autre nombre donné. Cette définition n'est juste que pour les nombres entiers.

Le nombre que l'on répète prend le nom de *multiplicande* ; le nombre qui indique combien de fois on le répète, prend le nom de *multiplicateur* ; le résultat s'appelle *produit*. Le multiplicande et le multiplicateur s'appellent *facteurs du produit.*

Nous avons déjà dit que la multiplication s'indique par ce signe ×, qui se prononce *multiplié par*. Par exemple, 23 × 84 s'énonce 23 multiplié par 84. Le signe × peut être remplacé par un point, qui s'énonce de la même manière, comme 23.84.

La multiplication des nombres entiers présente trois cas :

1° Multiplier un nombre d'un seul chiffre par un nombre d'un seul chiffre;

2° Multiplier un nombre de plusieurs chiffres par un nombre d'un seul ;

3° Multiplier un nombre quelconque par un nombre quelconque.

1er *Cas.* — Multiplier 5 par 9.

Le produit s'obtient en consultant la table suivante, dite table de multiplication et qui est attribuée à Pythagore :

Table de Multiplication.

1	2	3	4	5	6	7	8	9
2	4	6	8	10	12	14	16	18
3	6	9	12	15	18	21	24	27
4	8	12	16	20	24	28	32	36
5	10	15	20	25	30	35	40	45
6	12	18	24	30	36	42	48	54
7	14	21	28	35	42	49	56	63
8	16	24	32	40	48	56	64	72
9	18	27	36	45	54	63	72	81

Pour la former, j'écris sur une même ligne horizontale les neuf premiers nombres. Cette première ligne renferme les produits des neuf premiers nombres pris chacun une fois, ou multipliés par 1.

J'ajoute chacun de ces nombres à lui-même, et j'écris les résultats dans une seconde ligne horizontale au-dessous de la première; cette seconde ligne renferme alors les premiers nombres répétés deux fois, c'est-à-dire les produits des neuf premiers nombres par 2.

Aux nombres de la seconde ligne j'ajoute les nombres

correspondants de la première, et j'écris les résultats dans une troisième ligne horizontale ; cette troisième ligne renferme alors les premiers nombres répétés trois fois, c'est-à-dire les produits des neuf premiers nombres par 3.

Aux nombres de la troisième ligne j'ajoute ceux de la première, et j'écris les résultats dans une quatrième ligne horizontale ; cette quatrième ligne renferme alors les produits des neuf premiers nombres par 4.

Je continue de la sorte à ajouter aux nombres de la dernière ligne obtenue les nombres correspondants de la première, jusqu'à ce que je sois arrivé aux produits des neuf premiers nombres par 9.

Pour trouver dans cette table le produit de 5 par 9, je remarque que la colonne verticale, en tête de laquelle est placé le multiplicande 5, contient les produits de 5 par les neuf premiers nombres, et que la ligne horizontale en avant de laquelle est placé le multiplicateur 9 contient les produits des neuf premiers nombres par 9. Le produit de 5 par 9 doit donc se trouver dans la colonne verticale commençant par 5, au point où elle est coupée par la ligne horizontale qui commence par 9 ; ce produit est 45. On l'exprime en disant 9 fois 5 font 45.

Il est nécessaire d'apprendre par cœur la table de multiplication.

2e *Cas.* —Multiplier 497 par 6.

L'opération consiste à répéter le multiplicande six fois ; je répéterai six fois les unités, puis les dizaines, puis les centaines.

$$
\begin{array}{r}
497 \\
6 \\
\hline
2982
\end{array}
$$

J'écris le multiplicateur au-dessous du multiplicande, et

je souligne. Je dis : six fois 7 unités font 42 unités ; j'écris
2 unités sous la colonne des unités, et je retiens 4 dizaines ;
6 fois 9 dizaines font 54 dizaines, et 4 dizaines retenues font
58 dizaines ; j'écris 8 dizaines sous la colonne des dizaines et
je retiens 5 centaines ; 6 fois 4 centaines font 24 centaines,
et 5 centaines retenues font 29 centaines ; j'écris 9 centaines
et 2 mille.

Donc pour multiplier un nombre de plusieurs chiffres
par un nombre d'un seul, on multiplie successivement, de
droite à gauche, chaque chiffre du multiplicande par le
multiplicateur. On écrit seulement, en allant de droite à
gauche, les unités de chaque produit partiel, et on retient
les dizaines pour les ajouter comme unités au produit suivant ; on opère ainsi jusqu'au dernier produit à gauche, que
l'on écrit tout entier tel qu'on le trouve. On fait ainsi une
suite de multiplications partielles, dont chacune rentre dans
le premier cas.

3ᵉ *Cas.* — Multiplier 48342 par 3428.

$$
\begin{array}{r}
48342 \\
3428 \\
\hline
386736 \\
966840 \\
19336800 \\
145026000 \\
\hline
165716376
\end{array}
$$

L'opération consiste à répéter le multiplicande 3428 fois,
ou bien à le répéter 8 fois, plus 20 fois, plus 400 fois, plus
3,000 fois.

On répètera le multiplicande 8 fois d'après le deuxième
cas, ce qui donne le premier produit partiel 386736 que
j'écris sous le trait horizontal.

On a vu dans la numération écrite que ce nombre 20 équivaut à 10 fois 2. Répéter le multiplicande 20 fois, c'est donc le répéter 2 fois, et répéter encore le résultat 10 fois. On répètera le multiplicande 2 fois d'après le deuxième cas, ce qui donne 96684, résultat que l'on répètera 10 fois, en écrivant un zéro à droite ; on a ainsi le second produit partiel 966840 que l'on écrit au-dessous du premier.

Le nombre 400 équivaut à 100 fois 4. Répéter le multiplicande 400 fois, c'est donc le répéter 4 fois, et répéter encore le résultat 100 fois. On répètera le multiplicande 4 fois d'après le deuxième cas, ce qui donne 193368, résultat que l'on répètera 100 fois, en écrivant 2 zéros à droite ; on a ainsi le troisième produit partiel 19336800 que l'on écrit au-dessous du second.

Le nombre 3000 équivaut à 1000 fois 3. Répéter le multiplicande 3000 fois, c'est donc le répéter 3 fois et répéter encore le résultat 1000 fois. On répètera le multiplicande 3 fois, d'après le deuxième cas, ce qui donne 145026, résultat que l'on répètera 1000 fois en écrivant 3 zéros à droite; on a ainsi le quatrième produit partiel 145026000, que l'on écrira au-dessous du troisième.

En effectuant la somme, on trouve pour produit : 165716376.

On obtient le premier produit partiel en multipliant le multiplicande par le premier chiffre 8 du multiplicateur. On obtiendra évidemment le second en multipliant le multiplicande par 2, ce qui donne 96684, et mettant un zéro à droite ; mais on peut se dispenser d'écrire ce zéro en plaçant 96684, de manière que le premier chiffre 4 se trouve dans la colonne des dizaines. De même, pour le troisième produit partiel, on se dispensera d'écrire les zéros en plaçant ce produit 193368 de manière que le premier chiffre 8 soit dans la colonne des centaines ; même observation pour la suppression des 3 zéros dans le quatrième produit.

L'opération est disposée de la manière suivante :

$$
\begin{array}{r}
48342 \\
3428 \\
\hline
386736 \\
96684 \\
193368 \\
145026 \\
\hline
165716376
\end{array}
$$

On est ainsi conduit à la règle que nous allons formuler.

Pour multiplier un entier par un autre, on écrit le multiplicateur sous le multiplicande; puis à partir de la droite, on multiplie successivement le multiplicande par chacun des chiffres du multiplicateur, en ayant soin d'écrire le premier chiffre de chaque produit partiel sous celui qui a servi de multiplicateur. Ensuite on ajoute les produits partiels.

Un produit peut être composé de plus de 2 facteurs ; ainsi $67 \times 6 \times 17 \times 5$ veut dire que 67 doit être multiplié par 6, le résultat obtenu par 17 et ce dernier résultat par 5.

Le produit de plusieurs nombres entiers ne change pas, quand on intervertit l'ordre des facteurs.

Considérons un produit de deux facteurs 5×3.

Comme le nombre 5 est égal à $1 + 1 + 1 + 1 + 1$, on multipliera 5 par 3 en répétant 3 fois chacune des unités du nombre 5, ce qui donnera $3 + 3 + 3 + 3 + 3$, ou 3 répété 5 fois, ce qui donne 3×5, donc $5 \times 3 = 3 \times 5$. Donc le produit de deux nombres entiers ne change pas quand on intervertit l'ordre des facteurs.

Soit un produit de trois facteurs, $5 \times 4 \times 3$. Comme $5 \times 4 = 5 + 5 + 5 + 5$, on multipliera ce produit par 3, en répétant 3 fois chacune des parties du produit 5×4, ce qui donnera $5 \times 4 \times 3 = 5 \times 3 + 5 \times 3 + 5 \times 3 + 5 \times 3$, ou le produit 5×3 répété 4 fois, ce qui équivaut à $5 \times 3 \times 4$, donc $5 \times 4 \times 3 = 5 \times 3 \times 4$; par conséquent le produit de trois nombres entiers ne change pas, quand on intervertit l'ordre des deux derniers.

Considérons le produit $4 \times 5 \times 3 \times 7 \times 9$, dans lequel nous ferons voir qu'on peut intervertir l'ordre de deux facteurs consécutifs, quels qu'ils soient, 3 et 7 par exemple.

Avant d'arriver à effectuer la multiplication par 3, on aura effectué le produit de tous les facteurs qui précèdent. Si on regarde donc 4×5 comme effectué, nous aurons $\overline{4 \times 5} \times 3 = \overline{4 \times 5} + \overline{4 \times 5} + \overline{4 \times 5}$. Multipliant par 7 ces deux quantités égales et observant que, pour multiplier une somme par un nombre, il suffit de multiplier toutes les parties de la somme par ce nombre, nous aurons $\overline{4 \times 5} \times 3 \times 7 = \overline{4 \times 5} \times 7 + \overline{4 \times 5} \times 7 + \overline{4 \times 5} \times 7$.

Le deuxième membre est la somme de 3 nombres égaux à $4 \times 5 \times 7$; c'est donc, par définition, $4 \times 5 \times 7 \times 3$, puisqu'on a l'égalité $4 \times 5 \times 7 \times 3 = 4 \times 5 \times 3 \times 7$. En multipliant successivement par tous les facteurs qui, dans le produit considéré, suivaient ceux qu'on a intervertis, on aura $4 \times 5 \times 7 \times 3 \times 9 = 4 \times 5 \times 3 \times 7 \times 9$.

On peut donc intervertir l'ordre de deux facteurs consécutifs quelconques.

D'après cela, le facteur 9 qui a la dernière place pourra par une première inversion passer à l'avant-dernière, puis encore à la place suivante, etc. : de sorte qu'il pourra passer à tous les rangs possibles. Donc, *l'on peut changer, comme on voudra, l'ordre des facteurs d'un produit, sans que le produit change.*

COROLLAIRE 1. — *Pour multiplier un nombre par le produit effectué de plusieurs facteurs, il suffit de le multiplier successivement par chacun des facteurs.*

En effet, $4 \times 30 = 30 \times 4$; or, puisque 30 est un produit effectué avant de multiplier par 4, on peut remplacer 30 par

10×3; donc $4 \times 30 = 10 \times 3 \times 4$, et en intervertissant $4 \times 30 = 4.3.10$.

Corollaire 2. — L'égalité $4 \times 30 = 4.3.10$ fait aussi voir que, *pour multiplier un nombre successivement par plusieurs facteurs, on peut le multiplier tout de suite par le produit effectué de ces mêmes facteurs.*

Corollaire 3. — Le produit de plusieurs nombres entiers ne change pas, quand on groupe les facteurs à volonté.

Ainsi dans le produit $25 \times 9 \times 5 \times 7 \times 2 \times 4$, on peut grouper les facteurs de la manière suivante : $(25 \times 4) \times (9 \times 7) \times (5 \times 2)$.

En effet, puisqu'on peut intervertir l'ordre des facteurs, ils peuvent être ainsi disposés : $25 \times 4 \times 9 \times 7 \times 5 \times 2$. On doit alors commencer par effectuer le produit des deux facteurs 25 et 4, et le multiplier successivement par 9 et par 7, ce qui reviendra à multiplier par le produit des facteurs 9 et 7, de sorte que l'opération proposée peut être remplacée par la suivante : $(25 \times 4) \times (9 \times 7) \times 5 \times 2$. Mais après avoir effectué les opérations qu'indiquent $(25 \times 4) \times (9 \times 7)$, on peut, au lieu de multiplier successivement par 5 et par 2, multiplier par le produit effectué (5×2), et les opérations à faire peuvent être ainsi formulées : $(25 \times 4) \times (9 \times 7) \times (5 \times 2)$.

Corollaire 4. — Quand on rend l'un des facteurs d'un produit un certain nombre de fois plus grand, ce produit devient le même nombre de fois plus grand.

Soit le produit $4 \times 27 \times 59$. Si je rends, par exemple, le facteur 27 cinq fois plus grand, j'aurai $4 \times (27 \times 5) \times 59$.

Mais pour multiplier 4 par (27×5), il suffit de le multiplier successivement par 27 et par 5 ; donc quand on aura rendu le facteur 27, cinq fois plus grand, on aura $4 \times 27 \times 5 \times 59$, ce qui équivaut à $4 \times 27 \times 59 \times 5$, puisqu'un produit ne change pas quand on intervertit l'ordre des facteurs. Le produit $4 \times 27 \times 59$ est donc devenu cinq fois plus grand.

CorollaireE 5. — Quand un facteur d'un produit est terminé par un ou plusieurs zéros, on supprime ces zéros dans le calcul, mais on écrit à la droite du résultat les zéros dont on n'a pas tenu compte.

Par exemple, si 246000 est un des facteurs d'un produit, on remarque que ce facteur peut être placé le dernier sans que le produit change, et que pour multiplier par 246000, il suffit de multiplier successivement par 246 et par 1000; or on multiplie un nombre par 1000 en écrivant à sa droite trois zéros.

Pour faire la preuve de la multiplication d'un nombre entier par un autre nombre entier, il suffit de recommencer l'opération en intervertissant l'ordre des facteurs.

On appelle *multiple* d'un nombre entier, tout produit de ce nombre par un autre nombre entier.

Nous avons expliqué déjà ce que c'est qu'un produit de plusieurs facteurs. Dans le cas où tous les facteurs sont égaux à un nombre donné, le produit prend le nom de *puissance de ce nombre*.

La puissance sera dite *seconde, troisième, quatrième,* etc., suivant qu'il y a dans les produits deux, trois ou quatre facteurs. Ce nombre de facteurs se nomme *degré de la puissance.*

Ainsi, 3×3 indique la seconde puissance ou *carré* de 3; $5.5.5$ est la troisième puissance ou *cube* de 5.

On indique le degré de cette puissance au moyen d'un nombre appelé *exposant*, qu'on place à la droite du facteur et un peu au-dessus. Ainsi 3^4 indique la quatrième puissance de 3. Il résulte de la définition de la puissance combinée avec celle du produit, que le produit de deux puissances d'un même nombre est encore une puissance de ce nombre, dont l'exposant est égal à la somme des exposants des deux premières.

Les diverses puissances de 10 s'obtiennent en écrivant à la droite de l'unité autant de zéros que l'indique l'exposant de la puissance. Car, pour multiplier un nombre par 10, il suffit d'écrire à sa droite un zéro.

Il est à remarquer que les unités des divers ordres sont les puissances successives de 10.

L'élévation aux puissances, c'est-à-dire la multiplication de plusieurs nombres égaux, a son inverse : l'*extraction des Racines*. La racine *carrée, cubique,* 4me, etc., d'un nombre, est un nombre qui, élevé au carré, au cube, à la quatrième puissance, etc., reproduit le nombre proposé.

On indique l'extraction des racines par le signe $\sqrt{}$ que l'on appelle *radical*; on place entre les branches du signe le nombre qui indique l'ordre de la racine à chercher, et sous le trait horizontal, la puissance donnée; ainsi $\sqrt[3]{8}$ veut dire racine troisième ou cubique de 8, et $\sqrt[2]{16}$ ou plus simplement $\sqrt{16}$ indique racine carrée ou deuxième de 16.

Il nous reste à dire combien il y aura de chiffres dans un produit de deux facteurs, connaissant combien il y en a dans chaque facteur.

Remarquez que, chaque facteur étant moindre que l'unité suivie d'autant de zéros qu'il renferme de chiffres, le produit est moindre que l'unité suivie d'autant de zéros qu'il y a de chiffres dans les deux facteurs; il ne peut donc renfermer plus de chiffres que n'en renferment les deux facteurs.

Remarquez aussi que, chaque facteur n'étant jamais moindre que l'unité suivie d'autant de zéros qu'il renferme de chiffres moins un, le produit n'est pas moindre que l'unité suivie d'autant de zéros qu'il y a de chiffres moins deux dans les deux facteurs.

En résumant nous pourrons conclure *qu'un produit de deux facteurs contient, au plus, autant de chiffres que les deux facteurs, et, au moins, autant que de chiffres moins un.*

CINQUIÈME ET SIXIÈME LEÇONS.

DIVISION.

La division est une opération qui a pour but, connaissant le produit de deux nombres et l'un de ces nombres, de trouver l'autre.

Par exemple, 35 étant le produit des deux nombres 5 et 7, si on connaît le produit 35, et un des facteurs 5, l'opération par laquelle on trouve l'autre 7, est une division.

Le produit de deux facteurs se composant de l'un de ces facteurs, répété autant de fois qu'il y a d'unités dans l'autre, il en résulte, que si le nombre 35 était partagé en cinq parties égales, chaque partie équivaudrait à 7.

On peut donc dire que la division est une opération par laquelle on partage un nombre donné en autant de parties égales qu'il y a d'unités dans un autre nombre donné. Le nombre que l'on partage et qui doit être le produit de l'autre par le résultat, s'appelle *dividende;* le nombre qui indique en combien de parties il faut partager le dividende, et qui est le facteur donné, s'appelle *diviseur.*

Le produit 35 contient le facteur 5 autant de fois que l'exprime l'autre facteur 7.

On peut donc encore dire que la division est une opération par laquelle on cherche combien de fois un nombre donné, appelé dividende, contient un autre nombre donné, appelé diviseur.

Le résultat s'appelle *quotient.*

Il peut arriver que le dividende ne soit pas un multiple du diviseur. C'est ce qui a lieu, par exemple, dans la division de 34 par 7, où 34 est compris entre 28 et 35, qui sont deux multiples consécutifs de 7. Si le dividende était 28, le quotient serait 4, et si le dividende était 35, le quotient serait 5 ; le dividende étant compris entre 28 et 35, la valeur exacte du quotient est comprise entre 4 et 5. Ces deux nombres entiers consécutifs sont appelés alors quotients *approchés à une unité près*, ce qui signifie qu'en prenant l'un d'eux pour valeur du quotient, on commet une erreur moindre qu'une unité. On distingue l'un de l'autre ces deux quotients approchés en appelant le plus petit, *quotient par défaut,* et l'autre *quotient par excès.* On prend pour résultat le quotient approché par défaut, en sorte que l'on peut considérer la division comme ayant pour objet de chercher par quel nombre il faut multiplier le diviseur, pour trouver le plus grand multiple du diviseur qui soit contenu dans le dividende.

Ainsi la division de 34 par 7 a pour objet de chercher le nombre 4, par lequel il faut multiplier le diviseur 7, pour trouver 28, ou le plus grand multiple du diviseur qui soit contenu dans le dividende 34. De même la division de 35 par 7 a pour but de chercher le nombre 5 par lequel il faut multiplier le diviseur 7, pour trouver 35, multiple du diviseur précisément égal au dividende.

On appelle *reste* d'une division, la différence qui existe entre le dividende et le plus grand multiple du diviseur contenu dans ce dividende, de sorte qu'on obtient ce reste en multipliant le diviseur par le quotient, et soustrayant le produit du dividende.

Ainsi, dans la division de 34 par 7, si on multiplie le diviseur 7 par le quotient 4, et si on soustrait le produit 28 du dividende 34, on obtient 3, qui est le reste de cette division. Dans la division de 35 par 7, si on multiplie le diviseur 7 par le quotient 5, et qu'on retranche du dividende 35 le produit 35, on obtient 0, qui est le reste de la division.

Quand une division ne donne pas de reste, on dit que le dividende est divisible par le diviseur.

On doit remarquer que le reste d'une division doit toujours être moindre que le diviseur, car, sans cela, le multiple retranché ne serait pas le plus grand.

La division des nombres entiers présente trois cas :

1° *Le diviseur n'ayant qu'un seul chiffre, le quotient est moindre que 10 ;*

2° *Le diviseur ayant plusieurs chiffres, le quotient est moindre que 10 ;*

3° *Le quotient est plus grand que dix.*

1er *Cas.* — Soit à diviser 28 par 9.

Ce cas n'offre aucune difficulté. La table de multiplication montre que 27 est le plus grand multiple de 9 qui soit contenu dans 28, et que par conséquent le quotient est 3 et le reste 1. D'après ce que nous avons dit, la division ayant pour objet de partager 28 en 9 parties égales, on dit : la neuvième partie de 28, ou simplement, le neuvième de 28 est 3 pour 27, et il reste 1.

2e *Cas.* — Soit à diviser 2963 par 824.

Le quotient est moindre que 10, puisque si on multiplie 824 par 10, il devient plus grand que 2963.

$$
\begin{array}{r|l}
2963 & 824 \\
2472 & \overline{} \\
\hline
491 & 3
\end{array}
$$

Le produit des 8 centaines du diviseur par le quotient cherché est un nombre exact de centaines, tout entier contenu dans les 29 centaines du dividende. En divisant 29 centaines par 8 centaines, on divise donc par 8 centaines un nombre égal au produit des centaines par le quotient cherché, ou supérieur à ce produit, de sorte que l'on

doit ainsi obtenir ce quotient, ou un quotient trop grand.
Or, diviser 29 centaines par 8 centaines revenant à diviser
29 par 8, cette division rentre dans le premier cas. Le huitième de 29 est 3 pour 24. Pour essayer si 3 est bien le
quotient, on multipliera le diviseur par 3 et on verra si le
produit est contenu dans le dividende : 3 fois 824 font 2472,
nombre contenu dans 2963. Ainsi le quotient approché
est 3, et le reste est 491.

Si la soustraction n'avait pu se faire, il aurait fallu diminuer
le chiffre essayé, jusqu'à ce qu'on en eût trouvé un convenable.

On se dispense ordinairement d'écrire sous le dividende
le produit du diviseur par le quotient, en soustrayant du
dividende, à mesure qu'on les obtient, les produits du quotient par les différentes parties du diviseur.

De ces raisonnements résulte la règle suivante :

Pour faire une division de nombres entiers, quand le quo-
tient ne doit avoir qu'un chiffre, on divise par le premier
chiffre à gauche du diviseur, le nombre des unités de même
ordre du dividende, le résultat de cette division est le quotient
cherché, ou un nombre plus grand. Pour l'essayer, on multiplie
le diviseur par ce quotient présumé ; si le produit peut se retran-
cher du dividende, le chiffre essayé est bon ; sinon on le diminue
d'une unité, on recommence la vérification, et ainsi de suite,
jusqu'à ce que la soustraction puisse se faire.

3e *Cas.* — Soit à diviser 191843 par 738.

$$\begin{array}{r|l} 191843 & 738 \\ 44243 & \overline{} \\ 7343 & 259 \\ 704 & \end{array}$$

Le quotient est plus grand que 10, puisque, si on multiplie 738 par 10, le produit est moindre que 191843.

Je dis que l'on connaîtra la nature des plus hautes unités

du quotient, en séparant sur la gauche du dividende autant de chiffres qu'il en faut pour avoir un nombre contenant le diviseur au moins une fois; mais ne le contenant pas dix fois, c'est-à-dire en séparant dans cet exemple, les chiffres 1918, qui expriment 1918 centaines; d'où on conclut que le premier chiffre à gauche du quotient doit exprimer des centaines. En effet, puisqu'une centaine multipliée par 738, donne 738 centaines, tandis que le dividende en contenait 1918, le quotient doit renfermer au moins une centaine; d'un autre côté, puisqu'un mille, multiplié par 738, donne 738000, tandis que le dividende n'en contient que 191, le quotient ne doit pas avoir de mille.

Je vais démontrer actuellement que l'on trouvera le chiffre des centaines du quotient en divisant 1918 par 738. Cette division, qui rentre nécessairement dans le deuxième cas, puisque le résultat ne doit avoir qu'un seul chiffre, donne pour quotient 2 et pour reste 442. Mais puisque 2 unités multipliées par 738, donnent un nombre d'unités qui peut être soustrait de 1918 unités, 2 centaines multipliées par 738, donneront le même nombre de centaines, qui soustrait de 1918 centaines, donne pour reste 442 centaines; 2 centaines multipliées par le diviseur, donnent donc un nombre moindre que le dividende, donc le quotient doit renfermer au moins 2 centaines. D'ailleurs il ne peut en renfermer davantage, car 3 unités multipliées par 738 donnent plus de 1918 unités, donc 3 centaines multipliées par 738 donnent plus de 1918 centaines, c'est-à-dire un nombre supérieur au dividende.

Le produit du diviseur par les deux centaines du quotient, ayant été soustrait des 1918 centaines du dividende, a donné pour reste 442 centaines; mais comme le dividende contient en outre 43 unités, il reste véritablement 44243, et ce reste contient encore le produit du diviseur par les dizaines et par les unités du quotient.

Je considère 44243 comme un second dividende, sur

lequel je raisonne comme sur le dividende proposé. Je sépare sur la gauche de ce nombre les 4424 dizaines, et je divise 4424 par 738 : cette division donne pour quotient 5 et pour reste 734 ; j'écris 5 au quotient, à la droite du chiffre 2, parce que ce chiffre 5 exprime les dizaines du quotient. Le produit du diviseur par les 5 dizaines du quotient ayant été soustrait du second dividende, il reste 734 dizaines, et comme le dividende contient en outre 3 unités, le reste véritable est 7343, qui ne contient plus que le produit du diviseur par les unités du quotient.

Considérant ce reste 7343 comme un troisième dividende, je le divise par 738 ; cette division donne pour quotient 9 et pour reste 701 ; j'écris 9 au quotient, à la droite des deux autres chiffres parce que celui-ci doit exprimer les unités. Le quotient est donc 259 et le reste 701.

Les nombres 1918, 4424, 7343 qui ont servi à trouver les divers chiffres du quotient se nomment *dividendes partiels*.

Nous pouvons maintenant énoncer la règle générale de la division.

On écrit le diviseur à la droite du dividende ; on les sépare par un trait vertical, et l'on souligne le diviseur pour le séparer du quotient. On sépare sur la gauche du dividende autant de chiffres qu'il en faut pour contenir le diviseur, ce qui détermine un premier dividende partiel qui, divisé par le diviseur, donne le premier chiffre du quotient à partir de la gauche. A droite du reste de cette première division partielle on abaisse le chiffre suivant du dividende, ce qui donne un second dividende partiel, qui, divisé par le diviseur, donne le second chiffre du quotient ; à droite du reste de cette seconde division partielle on abaisse le chiffre suivant du dividende, ce qui fournit un troisième dividende partiel. On continue de cette manière jusqu'à ce qu'on ait abaissé tous les chiffres du dividende proposé.

Remarque 1. — S'il arrivait qu'un dividende partiel ne contînt pas le diviseur, c'est que le quotient ne contiendrait pas, d'unités de l'ordre du dernier chiffre abaissé ; dans ce cas le chiffre correspondant du quotient est 0, et considérant le dividende partiel comme un reste, on abaisserait à sa droite le chiffre suivant du dividende total, pour continuer l'opération.

Remarque 2. — Le dividende étant égal au produit du diviseur par le quotient, plus le reste, on aura, en prenant 13 pour dividende et 5 pour diviseur, l'égalité suivante :

$$13 = 5 \times 2 + 3.$$

Si on multiplie les deux membres par un nombre quelconque, 7 par exemple, on aura :

$$13 \times 7 = 5 \times 7 \times 2 + 3 \times 7.$$

Ce qui montre qu'en prenant pour dividende et diviseur le dividende et le diviseur précédents multipliés par 7, le quotient n'a pas changé, mais le reste est multiplié par 7.

On en conclut aussi que si, au lieu de prendre pour dividende et diviseur les nombres 13×7 et 5×7, on prend les mêmes nombres divisés par 7, le quotient n'a pas changé, mais le reste est divisé par 7.

Donc en multipliant ou divisant les deux facteurs d'une division par un même nombre, le quotient ne change pas, mais le reste est multiplié ou divisé par ce nombre.

Remarque 3. — Il en résulte que si le dividende et le diviseur sont terminés par des zéros, on pourrra en supprimer un nombre égal sur la droite de chaque facteur, et en opérant la division des nouveaux nombres ainsi obtenus, on aura le même quotient.

Théorème 1. — *Pour diviser un nombre par un produit de plusieurs facteurs, il suffit de le diviser successivement par chaque facteur et vice versâ.*

Soit N, un nombre qu'on doive diviser par 60, produit

effectué de $3 \times 4 \times 5$, je dis qu'il revient au même de diviser N par 3, le quotient obtenu par 4 et ce dernier par 5. Soit A, le quotient de N par 3, on aura $N = 3 \times A$; soit B, le quotient de A par 4, on aura $A = 4 \times B$; enfin, soit C, le quotient de B par 5, on aura $C = 5 \times B$.

On aura donc $N = C \times 3 \times 4 \times 5$. Or, on a démontré que pour multiplier un nombre par un produit de plusieurs facteurs, il suffit de le multiplier par leur produit effectué, donc $N = C \times 60$.

Donc le quotient de N par 60 est C

Ce qui démontre le théorème.

Pour faire la preuve d'une division, il faut que le produit du diviseur par le quotient trouvé, augmenté du reste, soit égal au dividende.

SEPTIÈME LEÇON.

PROPRIÉTÉS DES NOMBRES.

Deux nombres étant donnés, si le plus grand est un multiple du plus petit, le plus petit est appelé *diviseur*, *facteur*, ou *sous-multiple* du plus grand, ou on dit que le plus petit divise le plus grand.

Par exemple : 28 étant un multiple de 7, 7 est un diviseur ou un sous-multiple de 28.

THÉORÈME 1. — *La somme de plusieurs multiples d'un nombre est un multiple de ce nombre ;* en d'autres termes, *tout nombre qui en divise plusieurs autres divise leur somme.*

Soient 12, 20 et 36 des multiples de 4. Le premier de ces nombres vaut 3 fois 4, ou trois nombres égaux à 4 ; le second vaut 5 nombres égaux à 4, et le troisième, 9 nombres égaux à 4. Si je les ajoute, la somme $12 + 20 + 36 = 68$ vaudra 3 nombres égaux à 4, plus 5 nombres égaux à 4, plus 9 nombres égaux à 4, ou 17 nombres égaux à 4 ; donc 68 sera un multiple de 4.

THÉORÈME 2. — *Tout diviseur d'un nombre divise ses multiples.*

Ainsi, 4 étant diviseur de 12, doit diviser les multiples de 12. En effet, un multiple de 12 est la somme de plusieurs nombres égaux à 12, et 4 doit diviser cette somme d'après le théorème 1.

THÉORÈME 3. — *La différence de deux multiples d'un nombre est un multiple de ce nombre ; en d'autres termes, tout nombre qui en divise deux autres, divise leur différence.*

Soient 12 et 27 deux multiples de 3. Le premier de ces nombres vaut 4 nombres égaux à 3, et le second vaut 9 nombres égaux à 3. Si je soustrais le premier du second, la différence $27 - 12 = 15$ vaudra 9 nombres égaux à 3 moins 4 nombres égaux à 3, ou 5 nombres égaux à 3 ; donc 15 sera un multiple de 3.

THÉORÈME 4. — *Si une somme est composée de deux parties dont l'une est divisible par un certain nombre, la somme, divisée par ce nombre, doit donner le même reste que la seconde partie, quel qu'il soit.*

Soit $59 = 14 + 45$. Le nombre 59 est une somme composée de deux parties dont l'une 14 est divisible par 7, et dont l'autre partie 45, divisée par le même nombre 7, donne pour reste 3. La partie 14 valant deux nombres égaux à 7, et 45 valant 6 nombres égaux à 7, plus 3, la somme 59 vaudra 2 nombres égaux à 7, plus 6 nombres égaux à 7, plus 3, ou 8 nombres égaux à 7, plus 3, c'est-à-dire que 59 divisé par 7 donne pour reste 3.

Considérons un nombre quelconque, tel que 8347. Ce nombre peut être décomposé en deux parties, un nombre 834 de dizaines et un nombre 7 d'unités simples. La première partie étant un multiple de 10 ; comme 2 divise 10, 2 divise cette première partie, d'après le théorème 2 ; donc, d'après le théorème 4, le reste de la division par 2, du nombre 8347, doit être le même que celui que donne la seconde partie 7.

Donc le reste de la division d'un nombre entier par 2 est le même que le reste qu'on obtient, en divisant par 2 le chiffre des unités simples.

Un nombre quelconque, tel que 243, peut être décomposé en deux parties, un nombre 24 de dizaines et un nombre 3 d'unités simples. La première partie étant un multiple de 10, comme 5 divise 10, 5 divise cette première partie d'après le théorème 2 ; donc, d'après le théorème 4, le reste de la division par 5, du nombre 243, doit être le même que celui que donne la seconde partie 3.

Donc le reste de la division d'un nombre entier par 5 est le même que le reste qu'on obtient, en divisant par 5 le chiffre des unités simples.

Si on divise par 9 un nombre exprimé par l'unité suivie d'autant de zéros qu'on veut, on a toujours pour dividende partiel 10, pour quotient 1 et pour reste 1, de sorte qu'un tel nombre équivaut nécessairement à un multiple de 9 plus 1.

Le nombre $5000 = 1000 \times 5$; mais 1000 équivaut à un multiple de 9, plus 1 ; de sorte que 5000 équivaut à 5 fois un multiple de 9, plus 5 fois 1, ou plus 5.

D'où on conclut que tout nombre exprimé par un chiffre suivi d'autant de zéros qu'on veut, équivaut à un multiple de 9, plus ce chiffre.

Un nombre quelconque, 13257 équivaut à

$$10000 + 3000 + 200 + 50 + 7,$$

10000, 3000, 200 et 50 sont des multiples de 9, augmentés de 1, de 3, de 2 et de 5. Le nombre 13257 est composé de deux parties dont l'une est divisible par 9, et dont l'autre est la somme des chiffres 1, 3, 2, 5 et 7.

Donc *le reste de la division d'un nombre entier par 9 est le même que celui qu'on obtient en divisant par 9 la somme des valeurs absolues de ses chiffres.*

Pour qu'un nombre entier soit divisible par 2, il faut et il suffit que le reste de la division de ce nombre par 2 soit 0. Or, ce reste est le même que celui que donne le chiffre des unités simples, et les nombres d'un seul chiffre divisibles par 2 sont 0, 2, 4, 6 et 8.

Par conséquent *un nombre est divisible par 2 quand le chiffre de ses unités est un des chiffres 0, 2, 4, 6, 8, et un nombre n'est pas divisible par 2, quand le chiffre des unités est un des chiffres 1, 3, 5, 7, 9.*

Les nombres divisibles par 2 se nomment *pairs*, et ceux qui ne le sont pas se nomment *impairs*.

Le reste de la division d'un nombre entier par 5 étant le même que celui que donne le chiffre des unités simples, et 0 et 5 étant les seuls nombres d'un seul chiffre qui soient divisible par 5, on en conclut que :

Un nombre est divisible par 5 quand le chiffre de ses unités est 0 ou 5 ; sinon le nombre n'est pas divisible par 5.

Le reste de la division d'un nombre entier par 9 ou par 3 (puisque 3 divise 9) étant le même que celui que donne la somme de ses chiffres, on en déduit que :

Un nombre est ou n'est pas divisible par 9 ou 3, suivant que la somme de ses chiffres est ou n'est pas multiple de 9 ou de 3.

REMARQUE. —Quand on a une somme composée de deux parties à multiplier par une somme aussi composée de deux parties, le produit contient quatre parties :

1° *La première partie de la première somme par la première partie de la seconde ;*

2° *La première partie de la première somme par la deuxième partie de la seconde ;*

3° *La deuxième partie de la première somme par la première partie de la seconde*

4° *La deuxième partie de la première somme par la deuxième partie de la seconde.*

Soit à multiplier $9 + 8$ par $7 + 4$; il faut d'abord faire la somme de 7 nombres égaux à $9 + 8$. On aura donc d'abord 9×7 et 8×7 : puis il faut ajouter 4 nombres égaux à $9 + 8$, c'est-à-dire 9×4 et 8×4.

Ce qu'il fallait démontrer.

Théorème 5. — *Quand on divise par un même nombre un produit de deux facteurs et ses deux facteurs, on obtient 3 restes ; le reste donné par le produit est égal au reste obtenu, en divisant par ce nombre le produit des restes donnés par les facteurs.*

Soit le produit 221 des facteurs 17 et 13. Si on les divise tous trois par 9, nous obtenons les restes 5, 8, 4. Le produit des restes donnés par les facteurs est 32 qui divisé par 9 donne le reste 5, le même que donne le produit 221.

En effet, 17 et 13 sont des sommes composées de 2 parties, dont une est divisible par 9. Or, la première partie de la première et de la seconde somme étant des multiples de 9, les 3 premières parties du produit seront des multiples de 9 ainsi que leur somme. Donc le reste de la division du produit sera le même que celui donné par le produit des deux restes 8 et 4.

Ce principe sert à faire la preuve d'une multiplication ou d'une division. Le diviseur à préférer est 9, à cause de la facilité avec laquelle on trouve le reste de la division d'un nombre par 9.

Exemple 1. — On veut vérifier la multiplication.

$$191843 = 437 \times 439.$$

Les restes de la division par 9 sont respectivement 8, 5, 7. Le produit des deux derniers est 35 qui, divisé par 9, donne le reste 8.

Exemple 2.—On veut vérifier la division 2357941 par 338. On a trouvé au quotient 6976, et pour reste 53. Les restes du dividende, du diviseur et du quotient sont respectivement 4, 5, 1. Le produit des deux derniers est 5 qui, ajouté à 53, donne une somme 58 qui, divisée par 9, donne bien le reste 4.

Théorème 6. — *Un nombre n'admet pas de diviseur plus grand que sa moitié si ce n'est lui-même.*

Car, en divisant un nombre par sa moitié, on obtient 2 pour quotient : d'où il suit que si on le divise par un nombre plus grand que sa moitié, le quotient ne peut être entier que s'il est 1, auquel cas le diviseur est le nombre lui-même.

HUITIÈME, NEUVIÈME ET DIXIÈME LEÇONS.

NOMBRES PREMIERS.

Un nombre est dit *premier* ou *premier absolu*, quand il n'est divisible que par lui-même ou par l'unité.

Les nombres entiers se divisant en deux grandes classes, les nombres pairs et les nombres impairs, il est évident que tous les nombres premiers, à l'exception de 2, se trouveront parmi les nombres impairs.

On peut trouver tant de nombres premiers que l'on voudra, car on prouvera plus loin que leur série est illimitée.

La méthode la plus simple pour trouver tous les nombres premiers, depuis 3 jusqu'à une limite donnée, est la méthode connue sous le nom de *Crible d'Eratosthène*, et qui consiste à chercher tous les nombres non-premiers renfermés entre les deux limites.

Pour y parvenir, concevons qu'on ait écrit tous les nombres impairs depuis 3 jusqu'à une limite donnée ; observons que si, à partir de 3 exclus, l'on compte les nombres de 3 en 3, en disant un pour le premier, deux pour le second, trois pour le troisième et ainsi de suite, le nombre auquel on aura compté 3 sera divisible par 3, car ce terme étant le 3me après 3, est égal à $3 + 2 \times 3$, c'est-à-dire un multiple de 3. En opérant comme on l'a fait pour 3 sur tous les nombres inférieurs à la moitié de la limite donnée, on trouvera tous les nombres non-premiers. En les supprimant de la série des nombres impairs, il ne restera plus que celle des nombres premiers.

Deux nombres sont dits *premiers entr'eux*, quand ils ne sont divisibles à la fois par aucun nombre différent de l'unité.

Deux nombres premiers absolus sont nécessairement premiers entr'eux.

Mais la proposition réciproque n'est pas vraie, car on verra plus tard que les puissances de deux nombres premiers entr'eux sont premières entr'elles, et aucune séparément n'est un nombre premier absolu. On peut aussi prendre le produit de deux nombres premiers 2×3 et le produit de deux autres nombres premiers 5×7, les nombres obtenus 6 et 35 ne sont pas premiers absolus, mais sont premiers entr'eux.

Un nombre premier absolu qui ne divise pas exactement un autre nombre, est premier avec lui. Car deux nombres, dont l'un est premier, ne peuvent avoir d'autre diviseur commun, différent de l'unité, que le nombre premier lui-même.

Quand un nombre premier divise un autre nombre, il prend le nom de *facteur* ou *diviseur premier* de ce nombre.

Quand deux nombres ne sont pas premiers entr'eux, ils peuvent avoir plusieurs diviseurs communs, et comme ils ne peuvent en avoir une infinité, il y en a un plus grand que tous les autres, qu'on nomme leur *plus grand commun diviseur*.

On comprendra facilement ce qu'on appellerait le plus grand diviseur commun à plusieurs nombres.

THÉORÈME 1. — *Tout nombre qui divise le dividende et le diviseur d'une division divise le reste.*

Car tout nombre qui divise le diviseur divise le produit du diviseur par le quotient. Or, un nombre qui en divise deux autres divise leur différence, et le reste de la division est précisément la différence entre le dividende et le produit du diviseur par le quotient.

THÉORÈME 2. — *Tout nombre qui divise le diviseur et le reste d'une division, divise le dividende.*

Car tout nombre qui divise le diviseur, divise le produit du diviseur par le quotient, et la somme de deux multiples d'un nombre étant un multiple de ce nombre, le dividende qui est précisément la somme du reste et du produit du diviseur par le quotient sera un multiple de ce nombre.

Ces principes posés, proposons-nous de chercher le plus grand diviseur commun à deux nombres, et soit 660 et 288, ces deux nombres.

Le plus grand diviseur de 288 étant ce nombre lui-même, je remarque d'abord, que si 660 était divisible par 288, ce dernier serait le plus grand commun diviseur cherché. On est donc conduit de la sorte à diviser 660 par 288; la division ne se fait pas exactement. On trouve 2 pour quotient et 84 pour reste. Mais d'après le théorème 1, tout diviseur commun à 660 et à 288 doit diviser 84, c'est-à-dire qu'il doit être commun à 288 et à 84; réciproquement, d'après le théorème 2, tout diviseur commun à 288 et à 84 doit diviser 660, c'est-à-dire qu'il doit être commun à 660 et à 288. Si donc on formait deux tableaux renfermant, l'un les diviseurs communs à 660 et à 288, et l'autre les diviseurs communs à 288 et à 84, ces deux tableaux seraient identiquement les mêmes; il en résulte que le plus grand commun diviseur est le même de part et d'autre. D'après cela, la recherche du plus grand commun diviseur des deux nombres 660 et 288 est ramenée à celle du plus grand commun diviseur des deux nombres plus simples 288 et 84.

Je recommence sur ces deux nombres les mêmes raisonnements. Si 288 était divisible par 84, ce dernier serait le plus grand commun diviseur. La division ne se fait pas exactement ; on trouve 3 pour quotient et 36 pour reste, et la recherche du plus grand commun diviseur des deux nombres 288 et 84 est ramenée à celle des deux nombres plus simples, 84 et 36.

Divisant de même 84 par 36, on ramènera la recherche à celle du plus grand diviseur commun entre 36 et 12, et 36 étant divisible par 12, ce dernier nombre est le plus grand commun diviseur.

On en déduit la règle suivante :

Pour trouver le plus grand commun diviseur de deux nombres, on divise le plus grand par le plus petit, ce dernier par le reste de la division, le premier reste par le second, et ainsi de suite, jusqu'à ce qu'on arrive à un reste nul ; le dernier diviseur est le plus grand commun diviseur cherché.

Voici la disposition que l'on donne ordinairement à l'opération, en plaçant les quotients au-dessus des diviseurs, afin de laisser la place libre pour les restes :

	2	3	2	3
660	288	84	36	12
84	36	12	0	

Remarque 1. — Les restes successifs allant en diminuant, il est évident que la recherche du plus grand commun diviseur doit toujours se terminer après un nombre limité de divisions.

Remarque 2. — *Tout nombre qui en divise deux autres, divise leur plus grand commun diviseur.*

Considérons par exemple le nombre 4, qui divise à la fois 660 et 288. D'après le théorème 1, 4 doit diviser 84 reste de la division de 660 par 288; divisant 288 et 84, il divisera aussi 36; divisant 84 et 36 il divisera aussi 12. En général, tout nombre qui en divise deux autres, divise les restes successifs que l'on trouve en cherchant le plus grand commun diviseur, et par conséquent le dernier de ces restes, qui est précisément le plus grand commun diviseur.

Remarque 3. — *Quand on multiplie deux nombres par un troisième, leur plus grand commun diviseur est aussi multiplié par ce troisième nombre.*

Si nous multiplions 660 et 288 par 5, par exemple, le quotient sera toujours le même, et le reste 84 sera multiplié par 5, de sorte que si on cherchait le plus grand commun diviseur entre 660×5 et 288×5, le premier reste serait 84×5.

Comparant la deuxième division avec celle que l'on a faite pour trouver le plus grand commun diviseur des nombres 660 et 288, on aura pour dividende et pour diviseur, les produits du dividende 288 et du diviseur 84, multipliés l'un et l'autre par 5, de sorte qu'en cherchant le plus grand commun diviseur entre 660×5 et 288×5, on aura les mêmes quotients que dans la recherche du plus grand commun diviseur entre 660 et 288; mais les restes successifs auront été multipliés par 5. On arrivera donc en dernier lieu à une division dont le dividende sera 36×5, et le diviseur 12×5; cette division donnera pour quotient 3 et pour reste 0, de sorte que 12×5 sera le plus grand commun diviseur des deux nombres 660×5 et 288×5.

Remarque 4. — *Quand on divise deux nombres par un facteur commun, leur plus grand commun diviseur est aussi divisé par ce facteur commun.*

Si nous divisons par 2, par exemple, les deux nombres 660 et 288, ce qui donne 330 et 144, et si nous cherchons le plus grand commun diviseur de ces deux derniers nombres, nous aurons les mêmes quotients que dans la recherche du plus grand commun diviseur entre 660 et 288, mais les restes successifs auront été divisés par 2. On arrivera donc à une division dont le dividende sera 36 divisé par 2 et le diviseur 12 divisé par 2 ; cette division donnera pour quotient 3 et pour reste 0, de sorte que 12 divisé par 2 sera le plus grand commun diviseur des deux nombres 660 divisé par 2, et 288 divisé par 2.

Remarque 5. — Si on divise ces deux nombres par leur plus grand commun diviseur 12, ce qui donne les deux quotients 55 et 24 ; le plus grand commun diviseur de 55 et de 24 sera 12 divisé par 12, c'est-à-dire 1 ; donc 55 et 24 sont premiers entre eux. *Donc si on divise deux nombres par leur plus grand commun diviseur, les quotients sont premiers entre eux.*

Théorème 3. — *Tout nombre qui divise un produit de deux facteurs et qui est premier avec l'un d'eux, divise l'autre.*

Soit le produit $224 \times 81 = 18144$ que nous supposons divisible par 28, nombre premier avec 81 ; je dis que 224 sera divisible par 28.

Le plus grand diviseur commun à 81 et 28 étant l'unité, le plus grand diviseur commun à 81×224 et 28×224, sera 1×224, en vertu de la remarque 4 ; et comme 28 divise par hypothèse le produit 81×224 et qu'il entre comme facteur dans 28×224, il s'ensuit qu'il divise leur plus grand diviseur commun 224, en vertu de la remarque 2.

Théorème 4. — *Tout nombre premier qui divise un produit de deux facteurs divise nécessairement l'un d'eux.*

Car s'il ne divise pas l'un d'entre eux, c'est qu'il est premier avec ce facteur, et alors, en vertu du théorème précédent, il devra diviser l'autre.

COROLLAIRE. — *Tout nombre premier qui divise un produit de plusieurs facteurs divise l'un des facteurs.*

Soit le produit $16 \times 12 \times 9 \times 14$ que nous supposons divisible par le nombre premier 7 ; je dis que l'un des facteurs sera divisible par 7, car ce produit peut être regardé comme un produit de deux facteurs 16 et $(12 \times 9 \times 14)$ et si 7 ne divise pas 16 il divisera le produit des trois facteurs $12 \times 9 \times 14$.

Ce produit peut être à son tour regardé comme un produit de deux facteurs 12 et (9×14), et si 7 ne divise pas 12 il devra diviser 9×14, et comme nous sommes arrivés aux deux derniers facteurs du produit, on voit que 7 doit diviser nécessairement l'un des facteurs.

Rien n'empêche d'ailleurs qu'un nombre premier qui divise un produit, divise plusieurs facteurs.

THÉORÈME 5. — *Quand un nombre est divisible par deux nombres premiers entre eux, il l'est aussi par leur produit.*

Soit le nombre 672 divisible par les nombres 6 et 7, premiers entre eux, je dis qu'il est divisible par $42 = 6 \times 7$.

Car 672 étant divisible par 6, doit être le produit de 6 par un entier 112.

Or 7 divise le produit 6×112 et il est par hypothèse premier avec 6 ; donc en vertu du théorème 3, il divise 112, et par conséquent on a $112 = 7 \times 16$, d'où on déduit $672 = 6 \times 7 \times 16 = 42 \times 16$. Ce qu'il fallait démontrer.

COROLLAIRE. — *Quand un nombre est divisible par plusieurs autres premiers entre eux deux à deux, il l'est par tous les produits que l'on peut faire avec deux, trois de ces facteurs, etc.*

Car puisqu'il est divisible par le produit de deux nombres premiers entre eux et qu'un troisième facteur et même un produit composé d'une manière quelconque avec les facteurs restants est nécessairement premier avec le produit considéré, en vertu du théorème 5, ce nombre sera divisible par un assemblage quelconque de ces facteurs.

THÉORÈME 6. — *Quand un nombre n'est pas premier, il est divisible par un nombre premier.*

Car si le nombre A n'est pas premier, il est divisible par un nombre moindre que A et autre que 1.

Le quotient obtenu B, s'il n'est pas premier, admettra aussi un diviseur moindre que B et autre que 1.

Le deuxième quotient obtenu C devrait aussi, s'il n'est pas premier, admettre un diviseur moindre que C et plus grand que 1.

Or, ces nombres A, B, C, sont décroissants et plus grands que 1. Il ne saurait donc y en avoir une infinité.

Donc on devra finir par trouver un diviseur premier pour l'un des quotients et par conséquent pour le nombre primitif A.

COROLLAIRE. — *Tout nombre est premier ou le produit de nombres premiers égaux ou inégaux.*

Cela résulte évidemment de ce qui précède.

Trouver pour un nombre quelconque le produit de facteurs premiers qui lui est égal et que nous démontrerons être unique, c'est ce qu'on appelle *décomposer ce nombre en facteurs premiers.*

THÉORÈME 7. — *La suite des nombres premiers est illimitée.*

S'il n'en était pas ainsi, il y aurait un nombre premier N plus grand que tous les autres.

Nommons P le produit de tous les nombres premiers depuis 1 jusqu'à N.

P + 1 n'étant pas premier, sera divisible par un nombre premier.

P et P + 1 ne seraient donc pas premiers entre eux.

Or ce sont deux nombres consécutifs et ils ne doivent admettre aucun diviseur commun, parce que ce diviseur diviserait leur différence qui est 1.

En général, deux nombres qui diffèrent d'un nombre quelconque, ne peuvent avoir pour diviseur commun que les diviseurs de ce nombre.

Théorème 7. — *Un nombre n'est décomposable que d'une seule manière en facteurs premiers.*

Deux produits de facteurs premiers ne peuvent être égaux si l'un contient un facteur premier qui ne soit pas contenu dans l'autre.

Car le produit où il entre serait divisible par ce facteur et non l'autre.

Deux produits de facteurs premiers dont les exposants seraient différents ne pourraient non plus être égaux, car l'un d'eux serait divisible un certain nombre de fois consécutives par un certain facteur premier et l'autre ne le serait pas.

Théorème 8. — *Un nombre quelconque a autant de diviseurs au-dessus de sa racine carrée qu'au-dessous.*

Soit N un nombre dont R est la racine carrée, on doit avoir $N = R \times R$.

Si A est un diviseur de N et que B soit le quotient de N par A, on aura aussi $N = A \times B$.

Et si on suppose $A > R$, il faudra que $B < R$, car si B est égal à R ou est plus grand que R, le produit $A \times B$ serait plus grand que $R \times R$. Ce qui est contraire à l'hypothèse.

Donc, à chaque diviseur plus grand que R, il en correspond un plus petit.

Problème 1. — *Décomposer un nombre en ses facteurs premiers.*

Considérons le nombre 360. Voici la disposition du calcul :

360	2
180	2
90	2
45	3
15	3
5	5
1	

Ce nombre sera divisible par le nombre premier 2. Le quotient 180 est encore divisible par 2 et donne le quotient 90, qui, divisé par 2, donne le résultat 45. Ce nombre est divisible par 9 ou 3^2, et donne le quotient premier 5 ; on voit donc, d'après ce principe : pour multiplier un nombre par un produit, il suffit de le multiplier successivement par chaque facteur, que $360 = 180 \times 2$ et que $180 = 90 \times 2$, donc $360 = 2 \times 2 \times 90$ et comme $90 = 45 \times 2$, $360 = 2 \times 2 \times 2 \times 45$, et comme $45 = 3 \times 15$, $360 = 2 \times 2 \times 2 \times 3 \times 15$, et enfin comme $15 = 3 \times 5$, $360 = 2 \times 2 \times 2 \times 3 \times 3 \times 5$ ou $360 = 2^3 \times 3^2 \times 5$.

La décomposition de ce nombre a été facile, parce que l'on a aperçu, dès l'abord, tous les diviseurs ; mais il eût été possible qu'on ne les reconnût pas *à priori*. Alors on se servirait d'une table de nombres premiers, suffisamment étendue, et qui renfermât tous les nombres premiers moindres que la racine carrée du nombre qu'on veut décomposer. On essaierait la division du nombre donné, par tous les nombres premiers que fournit la table.

Ainsi, pour décomposer en ses facteurs premiers le nombre 1927, dont la racine carrée est 44, nous essaierons, comme diviseurs, tous les facteurs premiers moindres que 44 et nous trouverons ainsi : $1927 = 41 \times 47$.

Le nombre donné pourrait être assez grand pour que sa racine carrée excédât la limite de la table ; ou même, on pourrait ne pas avoir une table de nombres premiers à sa disposition : alors, il faudrait, pour opérer la décomposition, essayer la division par 2 et par tous les nombres impairs moindres que sa racine carrée.

Remarque. — Pour qu'un nombre soit divisible par un autre, il faut et il suffit qu'il contienne tous les facteurs premiers de cet autre avec des exposants égaux au moins.

Car si un nombre est divisible par $2^3 \times 3^2$, c'est qu'il est égal au produit de $2^3 \times 3^2 \times$ un entier.

Et si un nombre contient 2 à la septième puissance et 3 à la cinquième, il sera égal au produit

$$2^3 \times 3^2 \times 2^4 \times 3^3 \times \text{un entier.}$$

PROBLÈME 2. — *Trouver tous les diviseurs d'un nombre.*

Prenons le nombre 360; si nous le décomposons en ses facteurs premiers, nous trouvons $360 = 2^3 . 3^2 . 5$.

Ainsi nous aurons d'abord pour diviseurs :

$$1 \quad 2 \quad 2^2 \quad 2^3, \text{ c'est-à-dire } 3 + 1, \text{ ou } 4 \text{ diviseurs.}$$
$$1 \quad 3 \quad 3^2 \qquad\qquad 2 + 1 \qquad 3$$
$$1 \quad 5 \qquad\qquad\qquad 1 + 1 \qquad 2$$

Deux diviseurs quelconques pris dans deux lignes différentes étant premiers entre eux, si nous multiplions tous les termes de la première ligne successivement par tous les termes de la deuxième, nous aurons 4×3 diviseurs de 360.

Ces 4×3 diviseurs seront premiers avec les diviseurs de la troisième ligne. Donc, si nous multiplions chacun d'eux par 1, ce qui les reproduira, et ensuite, par 5, nous aurons en tout $3 \times 4 \times 2$ diviseurs de 360.

Il est clair qu'en agissant ainsi, on ne laissera échapper aucun diviseur et que le nombre total des diviseurs d'un nombre, en y comprenant l'unité et ce nombre lui-même, sera égal au produit des exposants des facteurs premiers, augmentés chacun d'une unité.

Pour former tous ces diviseurs, on dispose ordinairement les calculs de la manière suivante :

$$
\begin{array}{r|l}
360 & 2. \\
180 & 2.\ 4 \\
90 & 2.\ 8 \\
45 & 3.\ 6.12.24 \\
15 & 3.\ 9.18.36.72 \\
5 & 5.10.20.40.15.30.60.120.45.90.180.360
\end{array}
$$

Après avoir décomposé 360 en ses facteurs premiers, on multiplie le diviseur de la première ligne par le diviseur de la deuxième ; on place le produit à la deuxième ligne, en le séparant par un point du diviseur précédent. On multiplie de même le diviseur de la troisième ligne par les diviseurs déjà écrits, *en évitant les répétitions*, et ainsi de suite.

On obtient de cette manière tous les diviseurs de 360, dont la quotité doit être $3 \times 4 \times 2$ ou 24 en y comprenant l'unité et le nombre 360.

COROLLAIRE. — Si on veut trouver un nombre qui admette 24 diviseurs, on observera que le problème est indéterminé.

Car, en premier lieu, toutes les puissances 23es d'un nombre premier satisfont à la question ; d'un autre côté, comme $24 = 2^3.3$, nous pouvons décomposer ce nombre de plusieurs manières en produits de facteurs, savoir :

$$24 = 2.12 \qquad 24 = 3.8 \qquad 24 = 4.6$$
$$24 = 2.2.6 \qquad 24 = 2.3.4 \qquad 24 = 2.2.2.3$$

Et si, prenant l'une quelconque de ces égalités, la cinquième par exemple, nous diminuons d'une unité chacun des facteurs 2, 3, 4, nous obtenons les nombres 1, 2, 3 que nous pouvons donner pour exposants, à des nombres premiers pris au hasard 5, 3, 2, par exemple. Alors le nombre $2^3.3^2.4 = 360$ admettra 24 diviseurs.

Comme application de la théorie des nombres premiers, proposons-nous de chercher le plus grand diviseur commun aux nombres :

$$576 = 2^6 \times 3^2$$
$$162 = 2 \times 3^4$$
$$84 = 2^2.3.7$$

Le plus grand diviseur commun à plusieurs nombres,

doit nécessairement renfermer tous les facteurs premiers communs à ces nombres et ne peut en contenir d'étrangers à l'un d'eux; car, s'il contenait, par exemple, le facteur 7 qui n'entre pas dans 576, il ne saurait diviser ce dernier nombre.

De même, le plus grand commun diviseur ne peut contenir un facteur premier, affecté d'un exposant supérieur à son plus petit exposant, dans les nombres proposés; car, s'il contenait le facteur 2 élevé à la troisième puissance, il ne saurait diviser les nombres 162 et 84.

. Donc, le *plus grand diviseur commun à plusieurs nombres est le produit des facteurs premiers communs à ces nombres, respectivement affectés de leur plus petit exposant.* Dans le cas actuel, il serait 2×3.

Comme deuxième application, proposons-nous de trouver le plus petit multiple des mêmes nombres.

A cet effet *multiplions entre eux tous les facteurs premiers, communs ou non, qui entrent dans ces nombres, en ayant soin de donner à chacun d'eux, le plus fort exposant dont ils sont affectés.*

Nous obtiendrons ainsi le nombre $2^6.3^4.7 = 36288$.

En effet 36288 renferme tous les facteurs premiers de chacun des nombres donnés avec des exposants au moins égaux; donc il est divisible par chacun d'eux.

D'ailleurs, pour qu'un nombre soit divisible par 576, il faut qu'il contienne 2 à la sixième puissance; pour qu'il soit divisible par 162, il faut qu'il contienne 3 à la quatrième puissance; enfin pour qu'il soit divisible par 84, il faut qu'il contienne 7. Donc 36288 qui est divisible par les 3 nombres et qui ne contient que ces facteurs, est le plus petit.

ONZIÈME ET DOUZIÈME LEÇONS.

On a déjà dit que *mesurer* une grandeur, c'est la comparer à une autre grandeur arbitraire de même espèce, que l'on appelle *unité*. Le résultat de cette opération s'appelle *nombre*. Cette unité une fois choisie, il peut se présenter trois cas dans la mesure de la grandeur proposée.

1° L'unité répétée un certain nombre de fois peut reproduire exactement la grandeur que l'on mesure ; dans ce cas le nombre qui exprime la mesure de la grandeur est entier ;

2° La grandeur à mesurer peut être plus petite que l'unité ; dans ce cas, le nombre qui exprime la mesure de la grandeur prend le nom de *fraction ;*

3° La grandeur à mesurer, quoique plus grande que l'unité, peut ne pas être exactement reproduite par l'unité répétée plusieurs fois ; elle se compose alors d'un certain nombre entier d'unités, et d'un reste moindre que l'unité, reste que l'on évalue par une fraction ; le nombre qui exprime alors la mesure de la grandeur étant composé d'un nombre entier et d'une fraction, prend le nom de *nombre fractionnaire.*

Une fraction exprimant la mesure d'une grandeur moindre que l'unité, on évalue une fraction en partageant l'unité en un certain nombre de parties égales, et cherchant combien de ces parties renferme la grandeur. Les parties obtenues en partageant l'unité en un certain nombre de parties égales, s'appellent *parties aliquotes* de l'unité.

On nomme une partie aliquote de l'unité en ajoutant la

terminaison *ième* au nombre entier qui indique en combien de parties égales l'unité a été divisée; par exemple, si l'unité a été partagée en neuf parties égales, chacune de ces parties est appelée *neuvième*. Il y a exception quand l'unité est partagée en deux, trois ou quatre parties égales; on dit alors *demi, tiers, quart.*

On énonce une fraction en nommant d'abord le nombre des parties aliquotes qui les composent et ensuite l'espèce de ces parties ; par exemple on dira *trois cinquièmes* pour énoncer une fraction formée en partageant l'unité en cinq parties égales et en réunissant trois de ces parties.

Le nombre entier qui exprime l'espèce des parties aliquotes s'appelle le *dénominateur* de la fraction, et le nombre entier de ces parties s'appelle le *numérateur*. Le numérateur et le dénominateur réunis sont les deux *termes* de la fraction.

Pour écrire une fraction, on écrit d'abord le numérateur et le dénominateur au-dessous, en les séparant par un trait horizontal. Ainsi la fraction trois cinquièmes s'écrit $\frac{3}{5}$.

D'après leur définition, les fractions sont des nombres plus petits que l'unité; et comme le numérateur exprime combien la fraction contient de parties aliquotes, tandis que le dénominateur exprime combien l'unité en contient , le numérateur d'une fraction doit être plus petit que le dénominateur. Cependant on donne encore le nom de fraction à une collection de parties aliquotes, dans laquelle le numérateur est plus grand que le dénominateur; mais pour distinguer ces deux espèces de fractions l'une de l'autre, on nomme *fractions proprement dites*, celles qui sont plus petites que l'unité, et *expressions fractionnaires*, celles qui sont plus grandes que l'unité.

THÉORÈME 1. — *Une fraction peut être considérée comme le quotient de la division de son numérateur par son dénominateur.*

Par exemple, la fraction $\frac{5}{8}$ peut être considérée comme le quotient exact de la division de 5 par 8. En effet, diviser

5 par 8, c'est chercher un nombre qui, multiplié par 8, reproduise 5, et de cette manière nous sommes conduits à démontrer que la fraction $\frac{5}{8}$ multipliée par 8, doit reproduire 5.

Or, $\frac{1}{8}$, multiplié par 8, ou répété 8 fois, donne une unité; donc si l'on écrit $\frac{1}{8}$ sur une ligne horizontale 8 fois, et que l'on écrive au-dessous 4 autres lignes pareilles en fesant correspondre ces fractions sur une ligne verticale, comme dans le tableau ci-dessous :

$$\frac{1}{8} \quad \frac{1}{8} \quad \frac{1}{8} \quad \frac{1}{8} \quad \frac{1}{8} \quad \frac{1}{8} \quad \frac{1}{8} \quad \frac{1}{8}$$

$$\frac{1}{8} \quad \frac{1}{8} \quad \frac{1}{8} \quad \frac{1}{8} \quad \frac{1}{8} \quad \frac{1}{8} \quad \frac{1}{8} \quad \frac{1}{8}$$

$$\frac{1}{8} \quad \frac{1}{8} \quad \frac{1}{8} \quad \frac{1}{8} \quad \frac{1}{8} \quad \frac{1}{8} \quad \frac{1}{8} \quad \frac{1}{8}$$

$$\frac{1}{8} \quad \frac{1}{8} \quad \frac{1}{8} \quad \frac{1}{8} \quad \frac{1}{8} \quad \frac{1}{8} \quad \frac{1}{8} \quad \frac{1}{8}$$

$$\frac{1}{8} \quad \frac{1}{8} \quad \frac{1}{8} \quad \frac{1}{8} \quad \frac{1}{8} \quad \frac{1}{8} \quad \frac{1}{8} \quad \frac{1}{8}$$

Chaque ligne horizontale représentant l'unité, la somme de toutes ces fractions est 5 ; chaque ligne verticale représente 5 fois $\frac{1}{8}$ ou $\frac{5}{8}$, et la somme de toutes ces fractions est égale à $\frac{5}{8}$ répété 8 fois.

On voit que la proposition dont il s'agit peut encore être énoncée en ces termes : *Quand on multiplie une fraction par son dénominateur, on trouve pour produit le numérateur.*

C'est à cause de cette propriété des fractions que l'on indique une division en écrivant le dividende au-dessus du diviseur et les séparant par un trait, ainsi que nous l'avons dit à la théorie de la division.

La division de 31 par 4 donne 7 pour quotient approché par défaut, et pour reste 3 ; de sorte que 31 est égal au produit de 7 $\times$ 4, augmenté de 3. Mais, d'après ce que nous venons de démontrer, le nombre 3 est le produit de $\frac{3}{4} \times 4$; donc 31 est égal à 7×4 augmenté de $\frac{3}{4} \times 4$, c'est-à-dire que 31 est égal au nombre fractionnaire $7 + \frac{3}{4}$, que l'on aurait multiplié par 4. Il résulte de là que si on divise le produit 31 par un de ses facteurs 4, on aura pour quotient l'autre facteur, qui est le nombre fractionnaire $7 + \frac{3}{4}$.

Par conséquent, *lorsque la division de deux nombres entiers donne un reste, le quotient peut être exactement exprimé par un nombre fractionnaire ayant pour partie entière le quotient approché par défaut à une unité près, et pour partie fractionnaire une fraction dont le numérateur est le reste et le dénominateur le diviseur.*

D'après cela, une expression fractionnaire, telle que $\frac{145}{9}$, étant équivalente au quotient de 145 divisé par 9, et ce quotient pouvant être exactement exprimé par le nombre fractionnaire $16 + \frac{1}{9}$, ce nombre fractionnaire est équivalent à l'expression fractionnaire proposée.

Quand on transforme ainsi une expression fractionnaire en un nombre fractionnaire équivalent, on dit que l'on *extrait les entiers contenus dans cette expression fractionnaire.*

Pareillement, un entier accompagné d'une fraction comme $16 + \frac{3}{9}$ peut être changé en une seule expression fractionnaire, car on a vu que une unité se composait de 9 neuvièmes; 16 unités vaudront 16 fois 9 neuvièmes ou $\frac{144}{9}$, et ajoutant la fraction, on voit que $16 + \frac{3}{9}$ s'exprime par la fraction $\frac{147}{9}$.

Donc quand on voudra *convertir un entier* en fraction, il suffira de multiplier l'entier par le dénominateur de la fraction qui l'accompagne et d'ajouter ou retrancher le numérateur, suivant le signe qui lie l'entier à la fraction.

THÉORÈME 2. — *Quand on multiplie ou divise le numérateur d'une fraction par un nombre entier, la fraction est multipliée ou divisée par ce nombre.*

Par exemple, soit la fraction $\frac{3}{14}$ dont on multiplie le numérateur par 5, on obtient $\frac{15}{14}$, fraction 5 fois plus grande que $\frac{3}{4}$. En effet, le dénominateur n'ayant pas changé, les parties aliquotes de l'unité restent les mêmes, mais le numérateur, exprimant combien la fraction contient de ces parties aliquotes, et ce numérateur étant devenu 5 fois plus grand, la fraction elle-même est devenue 5 fois plus grande.

Soit encore la fraction $\frac{36}{45}$, dont on divise le numérateur par 9, on obtient $\frac{4}{45}$. Les parties aliquotes de l'unité restent les mêmes, mais leur nombre étant devenu 9 fois plus petit, la fraction a été rendue 9 fois plus petite.

Théorème 3. — *Quand on multiplie ou divise le dénominateur d'une fraction par un nombre entier, la fraction est divisée ou multipliée par ce nombre.*

Soit la fraction $\frac{1}{5}$, dont on multiplie le dénominateur par 9, on obtient $\frac{1}{45}$. Le dénominateur exprimant la nature des parties aliquotes de l'unité, s'il devient 9 fois plus grand, c'est que l'unité est divisée en 9 fois plus de parties égales ; donc chaque partie aliquote est 9 fois plus petite ; mais le numérateur n'ayant pas changé, on prend toujours le même nombre de parties aliquotes, devenues 9 fois plus petites, donc la fraction elle-même est devenue 9 fois plus petite.

Soit encore la fraction $\frac{5}{18}$ dont on divise le dénominateur par 2. L'unité est alors divisée en deux fois moins de parties égales ; donc chaque partie aliquote est 2 fois plus grande ; mais on prend toujours le même nombre de parties aliquotes, dont la fraction a été rendue 2 fois plus grande.

Les théorèmes 2 et 3 montrent qu'une fraction varie de la même manière que son numérateur et inversement que son dénominateur.

Théorème 4. — *Une fraction ne change pas de valeur, quand on multiplie ou divise ses deux termes par un même nombre.*

Soit la fraction $\frac{2}{9}$, dont on multiplie les deux termes par 6, ce qui donne la fraction $\frac{12}{54}$. Si nous avions multiplié par 6 le numérateur seulement, nous aurions obtenu la fraction $\frac{12}{9}$, 6 fois plus grande que $\frac{2}{9}$, d'après le théorème 1 ; en comparant la fraction $\frac{12}{54}$ avec la même fraction $\frac{12}{9}$, on trouve que, puisque le dénominateur 54 est 6 fois plus grand que 9, la fraction $\frac{12}{9}$ est 6 fois plus grande que $\frac{12}{54}$ d'après le théorème 2. Les deux fractions $\frac{2}{9}$ et $\frac{12}{54}$ ont donc la même valeur l'une que l'autre, puisqu'une même fraction $\frac{12}{9}$ est 6 fois plus grande que chacune d'elles.

Soit encore la fraction $\frac{9}{6}$ dont on divise les deux termes par 3, ce qui donne $\frac{3}{2}$. En comparant chacune de ces fractions avec $\frac{3}{6}$, on trouve que $\frac{3}{6}$ est 3 fois plus petit que $\frac{9}{6}$, d'après le théorème 1, et 3 fois plus petit que $\frac{3}{2}$, d'après le théorème 2 ; donc les deux fractions $\frac{9}{6}$ et $\frac{3}{2}$ sont équivalentes.

Simplifier une fraction c'est la remplacer par une fraction équivalente ayant des termes moindres.

Le théorème 4 nous fournit immédiatement un procédé de simplification : toutes les fois que l'on apercevra un diviseur commun aux deux termes d'une fraction, on divisera ces deux termes par le diviseur commun, et l'on obtiendra de la sorte une fraction équivalente à la proposée, mais plus simple.

Soit la fraction $\frac{252}{720}$.

En divisant les deux termes par 2, on forme la fraction équivalente $\frac{126}{360}$; divisant les deux termes de celle-ci par 2, on obtient $\frac{63}{180}$; divisant par 9, on trouve $\frac{7}{20}$, fraction équivalente à la proposée, mais beaucoup plus simple.

Les deux termes de la fraction $\frac{7}{20}$ étant premiers entre eux, on ne peut plus la simplifier par le même procédé. Nous allons démontrer d'ailleurs que la fraction $\frac{7}{20}$, et en général toute fraction dont les deux termes sont premiers entr'eux, est *irréductible*.

Une fraction est dite *irréductible*, quand elle ne peut être transformée en une autre de même valeur et ayant des termes plus petits.

Supposons qu'une fraction $\frac{a}{b}$ soit équivalente à la fraction $\frac{7}{20}$. Si nous multiplions chacune de ces fractions par b, les deux produits devront être égaux; en multipliant la fraction $\frac{a}{b}$ par b, on doit trouver pour produit a, et d'après le théorème 2, la fraction $\frac{7}{20}$ étant multipliée par b, le produit est $\frac{7 \times b}{20}$. Ce dernier produit est une fraction qui représente le quotient de $7 \times b$, divisé par 20, et puisqu'il doit être égal au nombre entier a, c'est que 20 divise exactement le produit $7 \times b$; mais comme 20 est premier avec 7, 20 doit exactement diviser b. Le dénominateur b étant donc un multiple de 20, équivaut au produit de 20 par un certain nombre entier m; c'est-à-dire que $b = 20 \times m$; donc $7 \times b = 7 \times 20 \times m$, et comme $a = \frac{7 \times b}{20}$, on aura $a = \frac{7 \times 20 \times m}{20}$, ou bien $a = 7 \times m$. Ainsi les deux termes a et b sont les produits $7 \times m$ et $20 \times m$, des deux termes 7 et 20, par un même nombre m; ce qu'on exprime en disant que a et b sont des équimultiples de 7 et de 20.

Il résulte de là, que *lorsqu'une fraction $\frac{7}{20}$ a ses deux termes premiers entre eux, toute fraction équivalente $\frac{a}{b}$ doit avoir pour termes des équimultiples de ceux de la première.* Toute fraction équivalente à $\frac{7}{20}$ est donc formée de termes respectivement plus grands; il n'existe donc pas de fraction équivalente à $\frac{7}{20}$ et ayant des termes plus petits; en un mot, la fraction $\frac{7}{20}$ est irréductible.

Ainsi, *toute fraction dont les deux termes sont premiers entre eux est irréductible,* et on voit en même temps qu'une fraction, ne pouvant être irréductible que lorsque ses deux termes sont premiers entre eux, *toute fraction équivalente à une fraction irréductible a ses termes équimultiples de ceux de de la fraction irréductible.*

Réduire une fraction à sa plus simple expression, c'est la transformer en une fraction irréductible équivalente. Nous avons réduit la fraction $\frac{252}{720}$ à sa plus simple expression, en divisant ses deux termes successivement par 2, par 2 et par 9, ce qui a donné la fraction irréductible $\frac{7}{20}$; mais on peut encore opérer tout d'un coup la réduction d'une fraction à sa plus simple expression, en divisant ses deux termes par leur plus grand commun diviseur, car les deux quotients ainsi obtenus sont premiers entre eux.

Réduire des fractions au même dénominateur, c'est former des fractions qui leur soient respectivement équivalentes, et qui aient toutes un même dénominateur.

Pour réduire deux fractions au même dénominateur, il suffit de multiplier les deux termes de chacune par le dénominateur de l'autre.

En effet, les deux termes de chaque fraction étant ainsi multipliés par un même nombre, les deux fractions se trouveront ainsi remplacées par deux autres qui leur seront équivalentes, et les deux nouvelles fractions ne pourront manquer d'avoir le même dénominateur, qui sera le produit des dénominateurs des deux fractions données.

Ainsi pour réduire $\frac{3}{4}$ et $\frac{5}{7}$ au même dénominateur, je multiplie 3 et 4 par le dénominateur 7, j'obtiens ainsi une fraction équivalente à $\frac{3}{4}$ et dont le dénominateur sera 4×7.

Enfin, je multiplie 5 et 7 par le dénominateur 4 de l'autre fraction et j'obtiens une fraction équivalente à $\frac{5}{7}$ et dont le dénominateur est 7×4.

Les nouvelles fractions seront $\frac{21}{28}$ et $\frac{20}{28}$.

C'est ainsi qu'on pourra déterminer la plus grande de deux fractions données.

Il n'est pas toujours indispensable d'opérer ainsi. Soit, par exemple, les fractions $\frac{2}{3}$ et $\frac{5}{12}$ à réduire au même dénominateur. On aperçoit facilement que $3 \times 4 = 12$. Donc si on multiplie les deux termes de la première par 4, elle deviendra $\frac{8}{12}$ et les deux fractions seront réduites au même dénominateur.

De même, pour réduire plusieurs fractions au même dénominateur, il suffit de multiplier les deux termes de chacune par le produit des dénominateurs de toutes les autres.

Les fractions ainsi obtenues seront équivalentes aux proposées, et on est sûr d'avoir pour toutes le même dénominateur, puisque le même dénominateur de chacune est le produit des dénominateurs des fractions données ; seulement, l'ordre de multiplication de ces dénominateurs est différent d'une fraction à l'autre, ce qui ne change pas le produit.

Toutefois, l'application de cette règle conduit en général à des calculs très longs, que l'on peut abréger considérablement par la méthode que je vais indiquer.

Proposons-nous de réduire au même dénominateur les fractions $\frac{5}{7}$, $\frac{4}{9}$, $\frac{65}{108}$, $\frac{17}{45}$, $\frac{1}{2}$. Ces fractions sont irréductibles ; si elles ne l'étaient pas, on commencerait par réduire chacune d'elles à sa plus simple expression.

Pour qu'une fraction soit équivalente à la fraction irréductible $\frac{5}{7}$, il faut que ses deux termes soient des équimultiples de 5 et de 7 ; ainsi le dénominateur commun doit être un multiple de 7 ; par la même raison, ce dénominateur commun doit être divisible par chaque dénominateur 9, 108, 45 et 2. Réciproquement, tout nombre divisible par chaque dénominateur pourra servir de dénominateur commun ; car si on le divise par le dénominateur de l'une des fractions données, et qu'on multiplie les deux termes de cette fraction par le quotient ainsi obtenu, la fraction se trouvera remplacée par une autre équivalente, et qui aura pour dénominateur le nombre qu'on aura choisi comme multiple commun à tous les dénominateurs. Nous ne pouvons donc choisir notre dénominateur commun que parmi les nombres qui sont à la fois divisibles par les dénominateurs des fractions proposées ; mais nous pouvons prendre parmi ces nombres celui que nous voudrons. On prendra de préférence le plus petit, que l'on peut trouver par la méthode exposée dans la leçon précédente.

On observera que lorsque le plus petit multiple de plusieurs nombres est leur produit, c'est que ces nombres sont premiers entre eux.

TREIZIÈME ET QUATORZIÈME LEÇONS.

OPÉRATIONS SUR LES FRACTIONS.

Addition. — L'addition est une opération qui a pour but de trouver un nombre qui contienne à lui seul toutes les unités et parties d'unité renfermées dans plusieurs autres.

On ne peut réunir ensemble que des fractions de mêmes dénominateurs. Si donc on a des fractions à additionner, on commencera par les réduire au même dénominateur. Cette opération terminée, les nouvelles fractions exprimeront des mêmes parties d'unités et il suffira d'ajouter leurs numérateurs.

De là cette règle :

Pour additionner des fractions, on les réduit au même dénominateur, puis on additionne les numérateurs, et on divise la somme par le dénominateur commun.

Pour additionner des nombres fractionnaires, on additionne d'abord les fractions par la règle précédente, et on retient les unités que cette somme peut fournir pour les ajouter avec les entiers qui les accompagnent.

Soustraction. — La définition donnée pour la soustraction des nombres entiers s'applique à toute espèce de nombres.

On ne peut pas prendre la différence entre deux fractions de dénominateurs différents. Si donc on a à soustraire une fraction d'une autre, on commencera par les réduire au même dénominateur et il suffira de retrancher le plus petit numérateur du plus grand, pour trouver combien de parties aliquotes la plus grande fraction contient de plus que l'autre.

Pour retrancher un nombre fractionnaire d'un nombre

fractionnaire, on retranche la fraction du plus petit nombre de celle du plus grand, et l'entier du premier de l'entier du second.

Soit à soustraire $8 + \frac{2}{3}$ de $20 + \frac{11}{12}$.

$$20 \tfrac{11}{12}$$
$$8 \tfrac{8}{12}$$
$$\overline{\rule{2cm}{0.4pt}}$$
$$12 \tfrac{3}{12} \text{ ou } 12 \tfrac{1}{4}.$$

12 étant le plus petit dénominateur commun auquel les deux fractions peuvent être réduites, le numérateur de la première reste égal à 11, et celui de la seconde devient 8 ; la différence des deux nombres est donc $12 \tfrac{3}{12}$ ou $12 \tfrac{1}{4}$.

Soit encore à soustraire $6 \tfrac{11}{12}$ de $98 \tfrac{2}{5}$.

Après avoir réduit les deux fractions au même dénominateur, je vois que la fraction à soustraire équivaut à $\frac{55}{60}$, pendant que l'autre ne vaut que $\frac{24}{60}$. On ajoute à cette dernière une unité ou $\frac{60}{60}$, ce qui donne $\frac{84}{60}$; de 84 je retranche 55, il reste 29 ; j'écris $\frac{29}{60}$ sous la colonne des fractions. Pour que la différence ne change pas, j'ajoute une unité au nombre 6 ; retranchant 7 de 98, on trouve 91.

On voit par là que lorsque la fraction du nombre à soustraire est plus grande que l'autre, on augmente le numérateur de celle-ci d'un nombre égal au dénominateur commun pour rendre possible la soustraction des fractions, et en procédant à la soustraction des entiers, on augmente alors d'une unité l'entier à soustraire.

On procède de la même manière pour soustraire un nombre fractionnaire d'un nombre entier.

La multiplication est une opération qui a pour but, deux nombres étant donnés, l'un appelé multiplicande et l'autre appelé multiplicateur, d'en chercher un troisième appelé produit, qui soit composé avec le multiplicande de la même manière que le multiplicateur a été composé au moyen de l'unité.

Par exemple, si le multiplicateur est 5, il se compose de l'unité répétée 5 fois, et par conséquent le produit doit se composer du multiplicande répété 5 fois, ce qui est conforme à la définition. Si le multiplicateur est $\frac{5}{9}$, il se compose du neuvième de l'unité répété 5 fois, et par conséquent le produit doit se composer du neuvième du multiplicande, répété 5 fois ; ce qui est également conforme à la précédente définition.

La multiplication, appliquée aux fractions ordinaires, présente trois cas :

1° Multiplier une fraction par un nombre entier ;

2° Multiplier un entier par une fraction ;

3° Multiplier une fraction par une fraction.

1er *Cas.* — Soit à multiplier $\frac{3}{7}$ par 5.

D'après le théorème 2 de la leçon 12, on multipliera la fraction $\frac{3}{7}$ par le nombre entier 5, en multipliant le numérateur 3 par 5, ce qui donne $\frac{15}{7}$ ou $2\frac{1}{7}$.

Ainsi on multiplie une fraction par un nombre entier en multipliant le numérateur par ce nombre entier et divisant par le dénominateur le produit ainsi obtenu.

S'il s'agissait de multiplier $\frac{5}{20}$ par 5, il suffirait de rendre le dénominateur 5 fois plus petit. Le produit serait dans ce cas $\frac{5}{4}$.

2e *Cas.* — Soit à multiplier 4 par $\frac{7}{5}$.

D'après la définition, le produit doit être égal aux sept cinquièmes de 4. Or, le cinquième de 4, d'après ce que nous avons démontré, est $\frac{4}{5}$. Sept fois cette cinquième partie, d'après le premier cas, sera $\frac{4 \times 7}{5}$, ou $\frac{28}{5}$, ou $5\frac{3}{5}$.

Ainsi, on multiplie un nombre entier par une fraction, en multipliant ce nombre entier par le numérateur et divisant par le dénominateur le produit ainsi obtenu.

3e *Cas.* — Soit à multiplier $\frac{3}{7}$ par $\frac{4}{5}$.

Le produit doit être égal aux quatre cinquièmes de $\frac{3}{7}$. On obtient la cinquième partie de la fraction $\frac{3}{7}$ en multipliant le dénominateur par 5, ce qui donne $\frac{5}{7\times5}$. Quatre fois cette cinquième partie sera $\frac{5\times4}{7\times5}$, ou $\frac{12}{35}$.

Ainsi, on multiplie une fraction par une fraction, en divisant le produit des deux numérateurs par celui des deux dénominateurs.

REMARQUE 1. — Quand un des facteurs est un nombre fractionnaire, on le convertit en une expression fractionnaire, et on rentre ainsi dans un des trois cas que nous venons d'examiner.

REMARQUE 2. — On considère des produits de plus de deux facteurs entiers ou fractionnaires, de la même manière qu'on a considéré des produits de plus de deux nombres entiers.

Soit, par exemple, à calculer le produit

$$\tfrac{5}{7} \times \tfrac{2}{3} \times 20 \times \tfrac{8}{9} \times 24.$$

Le produit $\tfrac{5}{7} \times \tfrac{2}{3} = \tfrac{10}{21}$; le produit

$$\frac{10}{21} \times 20 = \frac{200}{21} = \frac{5\times2\times20}{7\times3};$$

le produit de $\dfrac{5\times2\times20}{7\times3} \times \dfrac{8}{9} = \dfrac{5\times2\times20\times8}{7\times3\times9}$;

enfin $\dfrac{5\times2\times20\times8}{7\times3\times9} \times 24 = \dfrac{5\times2\times20\times8\times24}{7\times3\times9}$.

On voit que la multiplication de plusieurs nombres entiers ou fractionnaires s'effectue en multipliant d'une part les numérateurs et les nombres entiers, d'autre part les dénominateurs, et divisant le premier produit par le second.

REMARQUE 3. —Cette propriété, que le produit de plusieurs nombres entiers ne change pas, quand on intervertit l'ordre des facteurs, subsiste pour les multiplications où il y a des facteurs fractionnaires.

En effet, si dans la multiplication précédente, par

exemple, on change l'ordre des facteurs, et qu'on écrive
$\frac{8}{9} \times \frac{3}{4} \times 24 \times 20 \times \frac{7}{10}$, la valeur de ce produit sera
$\frac{8 \times 3 \times 24 \times 20 \times 7}{19 \times 4 \times 10}$. En comparant ce produit à celui qu'on
avait obtenu d'abord, on reconnaît que le numérateur con-
tenant toujours le produit des mêmes facteurs entiers,
changés de place n'a par conséquent point changé de valeur
et que le dénominateur est aussi le produit des mêmes
nombres entiers changés de place, de sorte que les deux
termes du produit restent les mêmes.

Cette propriété étant ainsi généralisée, toutes ses conséquences le sont aussi.

Ainsi, pour multiplier un nombre entier ou fractionnaire
par un produit de plusieurs facteurs entiers ou fractionnaires, il suffit de multiplier successivement par les facteurs
de ce produit.

Ainsi encore, dans un produit de facteurs quelconques,
on peut grouper les facteurs à volonté.

On en concluera aussi que, dans une multiplication quelconque, si on multiplie ou divise un facteur quel qu'il soit,
par un nombre entier ou fractionnaire, le produit se trouve
multiplié ou divisé par le même nombre.

DIVISION. — La définition donnée pour la division des
nombres entiers s'applique à toute espèce de nombre. La
division a pour but, connaissant le produit de deux nombres
et l'un de ces nombres, de trouver l'autre.

On peut aussi la considérer, quand le diviseur est un
nombre entier, comme ayant pour but de partager le dividende en autant de parties égales qu'il y a d'unités dans le
diviseur ; car si le diviseur est 3 par exemple, le produit
multiplié par 3 devant reproduire le dividende, celui-ci se
compose de 3 parties égales au quotient.

On peut encore la considérer, quand le quotient est entier,
comme ayant pour but de chercher combien de fois le
dividende contient le diviseur. En effet, si le quotient est 3,
le diviseur multiplié par 3 devant reproduire le dividende,

c'est que le dividende se compose de trois fois le diviseur.

Mais la première définition est la seule qui soit générale.

La division appliquée aux fractions ordinaires présente deux cas :

1° Le diviseur est entier ;

2° Le diviseur est fractionnaire ;

1er *Cas.* — Soit à diviser $\frac{5}{7}$ par 5.

Cette opération pouvant être considérée comme ayant pour but de partager $\frac{5}{7}$ en 5 parties égales, ou de rendre la fraction $\frac{5}{7}$ 5 fois plus petite ; on y parviendra en multipliant le dénominateur par 5, ce qui donne $\frac{5}{7 \times 5}$ ou $\frac{5}{35}$.

Ainsi, on divise une fraction par un nombre entier, en multipliant le dénominateur par ce nombre entier et divisant le numérateur par le produit ainsi obtenu.

On peut aussi diviser une fraction par un entier en divisant le numérateur par l'entier quand cette division est possible.

2e *Cas.* — Soit à diviser un nombre quelconque par $\frac{5}{8}$.

Le dividende doit être le produit du quotient par $\frac{5}{8}$. Mais, d'après ce que nous avons vu, multiplier un nombre par $\frac{5}{8}$, c'est prendre les $\frac{5}{8}$ de ce nombre. Ainsi, le dividende équivaut aux $\frac{5}{8}$ du quotient, c'est-à-dire qu'il vaut 3 fois la huitième partie du quotient. La huitième partie du quotient est donc 3 fois plus petite que le dividende, et on l'obtiendra en rendant le dividende 3 fois plus petit, ou en prenant le tiers du dividende. Mais, comme on aura ainsi la huitième partie du quotient, il faudra rendre ce résultat huit fois plus grand, ou le multiplier par 8, afin de calculer le quotient. Ainsi, on trouvera le quotient en prenant 8 fois le tiers du dividende, c'est-à-dire en multipliant le dividende par $\frac{8}{5}$, qui n'est autre chose que la fraction $\frac{5}{8}$ renversée.

Ainsi, on divise un nombre quelconque par une fraction, en multipliant le dividende par la fraction diviseur renversée.

Remarque 1. — Quand le dividende ou le diviseur est un nombre fractionnaire, on le convertit en une expression fractionnaire, et on rentre ainsi dans un des deux cas que nous venons d'examiner.

Soit, par exemple, 12 à diviser par $3\frac{4}{7}$.

$$3\frac{4}{7} = \frac{25}{7}, \text{ et } 12 : \frac{25}{7} = \frac{12 \times 7}{25} = \frac{84}{25} = 3\frac{9}{25}.$$

Remarque 2. — D'après ce que nous avons démontré, on voit que diviser une quantité par un nombre entier N, ou par une fraction $\frac{a}{b}$ revient à multiplier cette quantité par la fraction $\frac{1}{N}$ ou par la fraction $\frac{b}{a}$.

Or, puisque dans la théorie de la multiplication des fractions, nous avons établi la généralité du principe posé pour les entiers, savoir :

Pour multiplier un nombre par un produit effectué de plusieurs facteurs, il suffit de le multiplier successivement par chaque facteur et *vice versâ*. On en concluera aussi que :

Pour diviser un nombre par un produit effectué de plusieurs facteurs, il suffit de le diviser successivement par chaque facteur et réciproquement.

Dans une division d'un nombre quelconque par un produit de plusieurs facteurs, on peut grouper à volonté les facteurs du diviseur.

Dans une division quelconque, si on multiplie ou si on divise un des facteurs par un nombre entier ou fractionnaire, le quotient est multiplié ou divisé, divisé ou multiplié par le même nombre, selon le facteur altéré.

Si l'on considère les deux fractions $\frac{4}{5}$ et $\frac{5}{4}$, elles sont dites *inverses* l'une de l'autre, et leur produit est 1 ; ce qui est leur caractère distinctif.

QUINZIÈME, SEIZIÈME, DIX-SEPTIÈME LEÇONS.

FRACTIONS DÉCIMALES.

L'écriture d'une fraction ordinaire offre l'inconvénient d'exiger l'emploi de deux nombres entiers.

Il y aurait un moyen de n'avoir à écrire qu'un seul nombre. Ce moyen consisterait à ne se servir que de fractions dont les dénominateurs fussent fixés d'avance, et à n'écrire que leurs numérateurs.

On pourrait choisir d'une manière arbitraire les dénominateurs de ces fractions; mais, comme le nombre 10 a été adopté pour base du système de numération, et que, par suite, les opérations sur les puissances de 10 ont été plus simples que pour tout autre nombre; on est convenu de n'employer que des fractions ayant des puissances de 10 pour dénominateurs.

Ces fractions prennent pour ce motif le nom de *fractions décimales*.

Il est clair qu'on pourra évaluer une grandeur quelconque en disant combien elle contient de fois la dixième partie de l'unité. S'il y a un reste moindre que un dixième, on pourra dire combien il contient de centièmes, de millièmes, etc.

On voit déjà qu'il peut se trouver des grandeurs que l'on ne puisse pas mesurer complètement avec des parties d'unité de dix en dix fois plus petites les unes que les autres ; mais on voit aussi qu'on peut pousser aussi loin qu'on voudra l'évaluation de ces sortes de grandeurs.

Les parties d'unités, de dix en dix fois plus petites les unes que les autres, sont dites *parties décimales* de l'unité.

On donne le nom de *fraction décimale* à un assemblage

quelconque de parties décimales, si toutefois cet assemblage est moindre que l'unité.

On donne le nom de *nombre décimal* à un assemblage d'unités et de parties décimales d'unité.

On peut d'ailleurs considérer la fraction décimale comme un nombre décimal, où la partie plus grande que l'unité qu'on nomme *partie entière* est nulle.

Je dis qu'une fraction décimale quelconque peut s'écrire au moyen d'un seul nombre entier.

A cet effet, on a fait la convention que tout chiffre placé à droite du chiffre des unités représenterait des dixièmes, que tout chiffre placé à droite de celui des dixièmes exprimerait des centièmes, etc., c'est-à-dire que la convention fondamentale de la Numération a été étendue aux parties décimales de l'unité.

Seulement, pour distinguer où commence la partie décimale, on est convenu de placer une virgule après le chiffre des unités.

Examinons maintenant comment on peut représenter une fraction décimale :

Ainsi, soit la fraction $\frac{567}{1000}$ qui peut s'écrire :

$$\frac{500}{1000} + \frac{60}{1000} + \frac{7}{1000} = \frac{5}{10} + \frac{6}{100} + \frac{7}{1000}.$$

On pourra, d'après la nouvelle convention, la représenter par 0,567.

Car le chiffre 5, immédiatement après un zéro suivi d'une virgule, exprimera des dixièmes, et si l'on place à sa droite les chiffres 6 et 7, ils représenteront 6 centièmes et 7 millièmes.

Soit encore la fraction $\frac{349}{100}$ qui peut s'écrire :

$$\frac{300}{100} + \frac{40}{100} + \frac{9}{100} \text{ ou en simplifiant } 3 + \frac{4}{10} + \frac{9}{100}.$$

On l'écrira donc suivant ces conventions 3,49.

Si certaines unités décimales venaient à manquer, on les remplacerait par des zéros. Ainsi, veut-on écrire $\frac{3503}{1000}$? on écrira ainsi 3,503.

Il en résulte qu'un nombre décimal revient à une fraction ordinaire dont le numérateur serait le nombre résultant de la suppression de la virgule et dont le dénominateur serait l'unité suivie d'autant de zéros qu'il y avait de chiffres après la virgule. Ainsi, le nombre décimal 49,367, équivaut à la fraction $\frac{49367}{1000}$.

On pourra énoncer un nombre décimal en énonçant d'abord la partie entière, puis la partie décimale, comme si c'était un nombre entier, en ajoutant le nom de la dernière unité décimale; ou en énonçant tout le nombre, sans faire attention à la virgule et désignant l'ordre de la dernière unité décimale.

Pour écrire un nombre décimal sous la dictée, il faut, après avoir écrit la partie entière, la séparer par une virgule, et après avoir reconnu l'ordre de la dernière unité décimale, écrire la partie décimale, en la faisant précéder du nombre de zéros nécessaire pour que son dernier chiffre soit au rang indiqué par l'ordre de l'unité qu'il représente.

Pour reconnaître combien il doit y avoir de chiffres après la virgule, on observera qu'il en faut 3, 6, 9, etc., pour représenter des millièmes, millionièmes, billionièmes, etc., et que si l'on doit écrire 532 dix billionièmes ou 532 cent billionièmes, il faudra 1 ou 2 chiffres de plus que pour des billionièmes, et comme le billionième exige 9 chiffres, il en faudra 10 ou 11 pour les deux nombres donnés, c'est-à-dire qu'il faudra écrire ici 7 ou 8 zéros entre la virgule et le premier chiffre significatif; ainsi, ces nombres s'écriront, 0,0000000532, 0,00000000532.

Remarque 1. — On n'altère pas un nombre décimal écrit, en plaçant des zéros à sa droite. Car on multiplie ainsi par un même nombre, les deux termes de la fraction ordinaire équivalente.

Ainsi, pour réduire des nombres décimaux à exprimer des mêmes subdivisions d'unités, il suffira de remplacer par des zéros les chiffres décimaux manquants, de manière que toutes les fractions aient autant de chiffres décimaux que celle qui d'abord en avait le plus.

Remarque 2. — Quand on avance la virgule vers la droite, on multiplie ce nombre par 10, 100, 1000, etc., suivant qu'on a avancé d'un, 2 ou 3 rangs. Pareillement, si on avance vers la gauche, le nombre est divisé par 10, 100, 1000 suivant qu'on a avancé la virgule d'un, 2 ou 3 rangs ; car chaque chiffre se trouve exprimer des unités de l'ordre immédiatement supérieur ou inférieur, selon qu'on a avancé la virgule à droite ou à gauche.

Nous allons étudier les opérations de l'arithmétique sur les nombres décimaux.

Addition et Soustraction. — Comme dix unités d'un certain ordre valent toujours une unité de l'ordre immédiatement supérieur, l'addition et la soustraction des nombres décimaux sera identique à celle des nombres entiers ; il suffira donc de disposer les nombres, de manière que les unités de même espèce se correspondent sur une même colonne verticale, et d'opérer comme il a été dit pour les nombres entiers.

Multiplication. — La multiplication présente trois cas :

1° Multiplier un nombre décimal par un entier ;

2° Multiplier un entier par un nombre décimal ;

3° Multiplier deux nombres décimaux.

1er *Cas.* — Soit à multiplier 3,14 par 16. Cela revient à faire l'addition de 16 nombres égaux au multiplicande, et si au lieu de considérer la virgule on la supprimait, on aurait additionné 16 nombres cent fois plus grands que le nombre donné.

Le résultat serait donc aussi cent fois trop grand, et pour lui rendre sa valeur, il faudrait séparer deux chiffres à sa droite par une virgule.

D'où cette règle : *Pour multiplier un nombre décimal par un entier, il suffit de multiplier par cet entier le nombre entier qui résulte de la suppression de la virgule, et séparer sur la droite du produit autant de chiffres décimaux qu'il y en avait dans le facteur décimal donné.*

2ᵉ *Cas.* — La multiplication d'un entier par un nombre décimal, se ramène à la précédente. Car le nombre décimal étant une fraction ordinaire, nous savons qu'on peut intervertir l'ordre des facteurs ; alors on peut prendre le nombre décimal pour multiplicande et l'entier pour multiplicateur ; on sera conduit à la même règle que dans le premier cas.

3ᵉ *Cas.* — Soit à multiplier les deux nombres décimaux 4,253 par 3,8.

Cela revient à multiplier les deux fractions ordinaires $\frac{4253}{1000}$ et $\frac{38}{10}$. Or, d'après la règle donnée pour la multiplication des fractions ordinaires, le produit sera la fraction $\frac{4253 \times 38}{1000 \times 10}$, et comme une fraction indique le quotient du numérateur par le dénominateur, on voit qu'il faudra multiplier entre eux les entiers obtenus en supprimant les virgules dans les deux facteurs et diviser le produit par l'unité suivie d'autant de zéros qu'il y avait de chiffres décimaux dans les deux facteurs.

Donc en résumant les trois cas, on peut poser cette règle générale.

La multiplication des nombres décimaux se fait en effectuant la multiplication des nombres entiers qui résultent de la suppression des virgules, et en séparant ensuite sur la droite du produit obtenu autant de chiffres décimaux qu'il y en avait dans les deux facteurs. Si le produit obtenu renferme moins de chiffres qu'il y en a à séparer, on le fait précéder d'un nombre suffisant de zéros.

Les nombres décimaux n'étant en définitive que des fractions ordinaires, les théorèmes relatifs à l'inversion des facteurs, ainsi que toutes leurs conséquences, subsistent encore pour les nombres décimaux.

Division. — La division présente aussi trois cas.
1° Diviser un nombre décimal par un entier.
2° Diviser un entier par un nombre décimal.
3° Diviser un nombre décimal par un nombre décimal.

1er *Cas.* — Soit à diviser 534,28 par 26. Supprimant la virgule au dividende et divisant 53428 par 26, je trouve 2054 au quotient avec un reste 24. J'en conclus que si l'on multiplie 2054 unités par 26 et $\frac{24}{26}$ d'unité par 26, on aura 53428 unités et que si l'on multiplie par 26, 2054 centièmes plus $\frac{24}{26}$ d'un centième d'unité, on obtiendra 53428 centièmes. Ainsi le quotient cherché égale 2054 centièmes plus une fraction de centième. Si on néglige cette fraction, on commet une erreur moindre qu'un centième; donc le quotient est 20,54, à moins d'un centième près, par défaut, et 20,55 à moins d'un centième près par excès.

Si l'on veut le quotient avec une approximation plus grande, à moins, par exemple d'un millionième près, on met le dividende sous la forme 534,280000 en écrivant à sa droite un certain nombre convenable de zéros. On opère la division par 26, qui donne pour quotient 20549230 par défaut, et 20,549231 par excès.

Donc, pour diviser un nombre décimal par un entier, à une unité près d'un ordre décimal donné, on conçoit le dividende suivi d'assez de zéros pour qu'il exprime des unités de cet ordre; on opère sans avoir égard à la virgule et on sépare à la droite du quotient autant de chiffres décimaux que le dividende en renferme.

Dans la pratique il est inutile d'écrire d'avance les zéros à la droite du dividende; quand on a abaissé tous les chiffres du dividende proposé, on forme le dividende partiel suivant, en mettant à la droite du reste un zéro, et on continue de cette manière jusqu'à ce qu'on ait obtenu le quotient avec une approximation suffisante.

L'erreur, étant toujours moindre qu'une unité décimale de l'ordre auquel on s'arrête, peut ainsi devenir aussi petite qu'on voudra.

Cette règle s'applique aussi à la division d'un nombre entier par un autre nombre entier, car on peut concevoir à la droite du nombre entier dividende, autant de zéros que l'on voudra, figurant des chiffres décimaux.

2e *Cas.* — Soit à diviser 45 par 12,49.

On a démontré que le quotient d'une division ne changeait pas quand on multipliait le dividende et le diviseur par un même nombre; donc en multipliant ici par 100, puisque le diviseur a deux chiffres décimaux, nous ramènerons la division proposée à celle des deux nombres entiers 4500 par 1249.

3e *Cas.* — Soit à diviser 4,576 par 12,49.

$$
\begin{array}{c|l}
457,6 & 1249 \\
82\ 9 & \overline{0,3}
\end{array}
$$

Nous avons démontré que si on multiplie par un même nombre le dividende et le diviseur d'une division quelconque, le quotient ne change pas. En conséquence, je multiplie les deux termes de la division proposée par l'unité suivie d'un nombre de zéros tel que le diviseur devienne entier, c'est-à-dire par l'unité suivie d'autant de zéros qu'il y a de chiffres décimaux dans ce diviseur, et la question est ainsi ramenée à diviser le nombre 457,6 par le nombre entier 1249, ce qui rentre dans le premier cas. On trouve que le quotient approché à un dixième près est 0,3. On pourrait l'obtenir avec une approximation plus grande en écrivant des zéros à la droite des restes successivement obtenus.

Il est rare que les données d'une question soient des nombres entiers ; ce sont habituellement des nombres décimaux qui ne sont pas même connus rigoureusement, mais seulement avec une certaine approximation décimale, et l'on a pour but d'en déduire d'autres nombres décimaux, exacts eux-mêmes, jusqu'à une certaine approximation fixée par les conditions du problème.

Admettons qu'on ait à multiplier l'un par l'autre deux nombres ayant chacun six décimales, et qu'on veuille également connaître le produit jusqu'à la sixième décimale. La règle que nous avons donnée précédemment en donnera douze, dont les six dernières étant inutiles, auraient fait perdre par le calcul un temps précieux. De plus, lorsqu'un facteur d'un produit est connu avec six décimales, c'est qu'on s'est arrêté dans sa détermination à cette approximation, en négligeant les décimales suivantes : plusieurs des décimales situées à la droite du produit calculé ne seront donc pas celles qui appartiendraient au produit rigoureux. A quoi sert-il d'avoir pris la peine de les déterminer ?

Remarquons enfin que les facteurs du produit peuvent quelquefois être susceptibles d'être évalués avec une approximation indéfinie, et si on doit les calculer en décimales avant d'effectuer la multiplication, on ne saura point jusqu'où doit être poussée l'approximation des facteurs, avant d'appliquer la règle précédente.

Nous allons enseigner une méthode abrégée par laquelle on arrive simultanément à poser moins de chiffres et à fixer l'approximation réelle du résultat auquel on est parvenu.

On demande, par exemple, de trouver à moins d'un millième près, le produit de 628,45638457 par 43,86756845.

$$
\begin{array}{r}
62845638457 \\
486576834 \\
\hline
2513825536 \\
188536914 \\
50276504 \\
3770736 \\
439915 \\
31420 \\
3768 \\
496 \\
24 \\
\hline
27568,844
\end{array}
$$

Au-dessous du multiplicande j'écris les chiffres du multiplicateur dans un ordre inverse, en plaçant le chiffre 3 des unités du multiplicateur sous le chiffre 8 des cent-millièmes du multiplicande, parce que ce chiffre 8 exprime des unités cent fois moindres que celles de l'approximation ; j'ai soin en même temps qu'à chacun des chiffres du multiplicande il en corresponde un du multiplicateur. Je m'arrête bien qu'il y ait encore d'autres chiffres au multiplicateur, mais parce qu'il n'y en a pas dans le multiplicande sous lequel je pourrais les écrire. Je vais maintenant multiplier le multiplicande par chacun des chiffres du multiplicateur, en ne commençant chaque multiplication partielle qu'au chiffre du multiplicande placé au-dessus du chiffre multiplicateur considéré. De cette manière, tous les produits partiels que l'on obtiendra exprimeront des cent-millièmes. En effet, le chiffre des unités du multiplicateur ayant été placé sous celui des cent-millièmes, le produit partiel par le chiffre 3 doit exprimer naturellement des cent-millièmes. Si ensuite on considère un autre produit partiel quelconque, le chiffre du multiplicateur qui a servi à le former étant par exemple le chiffre 7, exprime des unités mille fois plus petites que le 3; mais comme le multiplicateur a été renversé, ce chiffre est placé au troisième rang à gauche du 3, au lieu d'être au troisième rang à droite, et par suite, le chiffre du multiplicande sous lequel il est placé exprime des unités mille fois plus grandes que les cent-millièmes; de sorte que, comme on multiplie des unités mille fois plus grandes que des cent-millièmes par un chiffre qui vaut mille fois moins que des unités, le produit exprimera encore des cent-millièmes. En conséquence nous disposons les produits partiels les uns au-dessous des autres pour en faire l'addition, mais en ayant soin que les premiers chiffres de chacun d'eux se trouvent dans une même colonne verticale, de sorte que la somme obtenue exprimera des cent-millièmes.

Remarquons que dans la multiplication par le chiffre 3 des unités, comme on néglige les chiffres du multiplicande qui suivent les cent-millièmes, l'erreur commise dans cette multiplication partielle sur le multiplicande, est par défaut moindre que 0,00001; en négligeant de multiplier 0,00001 par 3 unités, on commettrait une erreur, par défaut, de 0,00003 : donc l'erreur commise sur ce produit partiel est moindre que 0,00003.

Considérons encore le produit partiel que l'on forme en multipliant par le chiffre 5 du multiplicateur : l'erreur commise dans cette multiplication partielle sur le multiplicande, est une erreur par défaut moindre que 0,1; en négligeant de multiplier 0,1 par 0,0005, on commettrait une erreur par défaut de 5 cent-millièmes; donc, l'erreur par défaut commise sur ce produit partiel est moindre que 0,00005.

On voit donc que l'on a commis sur chaque produit partiel une erreur par défaut, moindre qu'un nombre de cent-

millièmes exprimé par le chiffre du multiplcateur qui a
fourni ce produit partiel.

Outre cela, on néglige de multiplier le multiplicande par
tous les chiffres du multiplicateur qui viennent après le
chiffre des dix-millionièmes; or le multiplicande est plus
petit que mille, et ce qui vient après le chiffre des dix-millionièmes du multiplicateur ne vaut pas un dix-millionième.
L'erreur ainsi commise est une erreur par défaut moindre
que mille dix-millionièmes, ou moindre que 10 cent-
millièmes.

Donc, si on faisait l'addition des produits partiels obtenus
ainsi, on aurait pour somme un nombre qui exprimerait
des cent-millièmes, et qui différerait en moins du produit
exact, d'un nombre de cent-millièmes égal à la somme des
valeurs absolues des chiffres employés au multiplicateur, augmentée de dix. Cette somme est généralement
moindre que cent; il faudrait pour qu'elle égalât cent, que
la somme des chiffres employés au multiplicateur fût égale
à 90, ce qui n'arrive jamais dans les applications. Par conséquent, la somme des produits partiels que nous avons
formés diffère en moins du produit exact, de moins de cent
cent-millièmes, ou de moins d'un millième. Les deux premiers chiffres à droite du produit total ne sont donc pas du
tout exacts; et voilà pourquoi on se dispense ordinairement de les écrire; on les calcule cependant afin de tenir
compte des retenues que l'on doit reporter à la troisième
colonne, et on retient même un de plus que le nombre des
dizaines fournies par l'addition de la seconde colonne. Ainsi,
dans l'exemple que nous avons pris, la seconde colonne
donne pour somme 31, et on retient 4. En voici la raison :

En écrivant les deux chiffres à droite que l'on néglige, on
aurait eu un produit calculé par défaut à un millième près.
En négligeant ces deux chiffres, on commet une nouvelle
erreur par défaut moindre qu'un millième, erreur qui,

ajoutée à la première, pourrait être de plus d'un millième, mais est certainement moindre que deux millièmes.

Or, en forçant le chiffre des millièmes, on commet une erreur par excès, qui est juste d'un millième. Cette dernière compense un peu la première, et l'erreur définitive commise en prenant 27568,844 pour le produit des deux nombres proposés, étant la différence entre deux autres dont l'une est comprise entre zéro et deux millièmes ; cette erreur définitive est certainement plus petite qu'un millième, quoiqu'il soit impossible d'affirmer si elle est par défaut ou par excès. Dans certain cas, elle pourra être par défaut, et dans d'autres par excès.

Il existe également une méthode pour calculer un quotient à une unité près d'un ordre décimal donné, en posant le moins de chiffres possible. Nous allons enseigner cette méthode, en expliquant d'abord ce que l'on doit faire pour calculer le quotient à une unité près ; nous verrons ensuite comment on en déduit le moyen de le calculer à une unité décimale près.

On demande, par exemple, de calculer, à une unité près, le quotient de 49753937,42367 — 825,34826432.

$$
\begin{array}{r|l}
49753937\ 42367 & 825348264 \\
133045 & \overline{60464} \\
50544 & \\
993 & \\
168 &
\end{array}
$$

Je cherche d'abord le nombre des chiffres que doit avoir le quotient. A cet effet, j'examine de combien de rangs il faudrait déplacer la virgule, vers la droite du diviseur, pour le rendre supérieur au dividende ; comme il faudrait pour cela la déplacer de cinq rangs, j'en conclus que le quotient doit avoir cinq chiffres. En effet, en déplaçant la virgule de cinq rangs vers la droite, je multiplie le diviseur par l'unité suivie de cinq zéros, et puisque de cette manière je le rends plus grand que le dividende, j'en conclus que le quotient doit être moindre que l'unité suivie de 5 zéros, ou qu'il ne doit pas avoir six chiffres; mais comme, d'un autre côté, en déplaçant la virgule de quatre rangs vers la droite, je rendrais le diviseur plus petit que le dividende, j'en conclus que le quotient doit surpasser l'unité suivie de 4 zéros, qui est le plus petit nombre de cinq chiffres.

Sur la gauche du diviseur, je prends deux chiffres de plus, c'est-à-dire sept, en faisant abstraction de la virgule, ce qui donne 8253482; je néglige les suivants; puis, sur la gauche du dividende, je prends assez de chiffres pour avoir au moins une fois et moins de dix fois ce diviseur; ici, il en faut huit, ce qui donne 49753937. Ce nombre forme le premier dividende partiel qui, divisé par le diviseur, donne le quotient 6, qui doit être le premier chiffre significatif à gauche du quotient cherché, et un premier reste 133045.

Pour continuer l'opération, je barre le chiffre 2 à la droite du diviseur que je viens d'employer, et je divise 133045 par 825348. Ce second dividende partiel ne contenant pas le diviseur 825348, j'en conclus que le second chiffre du quotient cherché est 0, que j'écris à la droite du 6.

Barrant le chiffre 0 à la droite du diviseur que je viens d'employer, je divise 133045 par 82534; cette troisième division partielle donne le chiffre 1 que j'écris à droite du 0 et le reste 50511.

Barrant le chiffre 4 du diviseur, je divise 50511 par 8253; cette quatrième division partielle donne le chiffre 6 que j'écris à droite des autres, et le reste 993.

Je divise 993 par 825; cette cinquième division partielle donne le chiffre 1 que j'écris à droite des autres, et le reste 168.

Je vais démontrer que le nombre 60161; que forment les

chiffres que j'ai successivement écrits au quotient, est le résultat de la division proposée, à une unité près.

En effet, je remarque d'abord, que le quotient ne changera pas si je déplace la virgule de quatre rangs vers la droite, dans le dividende et le diviseur, de sorte que la question se trouve ramenée à diviser 497539374236,7 — par 8253482,64 — Mais au lieu de faire cette dernière division, nous avons supprimé la partie décimale du diviseur, qui s'est ainsi trouvé réduit à 8253482, et, par suite, nous avons commis sur le quotient une erreur par excès que nous allons évaluer.

Représentons, pour abréger le dividende 497539374236,7 par la lettre D, et appelons q, le quotient qu'on trouverait, si l'on divisait D par le diviseur exact 8253482,64. L'erreur commise par la suppression de la partie décimale est égale à la différence qui existe entre $\frac{D}{8253482}$, et $\frac{D}{8253482,64}$. Pour évaluer la différence entre ces deux expressions, nous les assimilerons à des fractions ordinaires, et les réduirons au même dénominateur, de sorte que l'erreur que nous voulons évaluer sera la différence entre $\frac{D \times 8253482,64}{8253482 \times 8253482,64}$ et $\frac{D \times 8253482}{8253482 \times 8253482,64}$. Nous pouvons en effet multiplier par un même nombre les deux termes d'une division, sans altérer le quotient ; mais lorsque deux divisions ont le même diviseur, on peut trouver la différence des quotients en divisant par le diviseur commun, la différence des dividendes. Donc l'erreur que nous cherchons à calculer est exprimée par :

$$\frac{D \times 8253482,64 - D \times 8253482}{8253482,64 \times 8253482} = \frac{D \times (8253482,64 - 8253482)}{8253482,64 \times 8253482};$$

ce qui équivaut à

$$\frac{D \times 0,64}{8253482,64 \times 8253482} = \frac{D}{8253482,64} \times \frac{0,64}{8253482}, \text{ ou } q \times \frac{0,64}{8253482}.$$

Si à la fraction $\frac{0,64}{8253482}$ nous substituons $\frac{1}{8200000}$, nous aurons augmenté le numérateur et diminué le dénominateur, c'est-à-dire augmenté la fraction; l'erreur à évaluer est donc plus petite que $q \times \frac{1}{8200000}$, ou plus petite que $\frac{q}{8200000}$, où que $\frac{q}{82 \times 100000}$; mais si au dénominateur nous remplaçons 100000 par q qui a une valeur plus petite, la fraction augmentera encore; l'erreur cherchée est donc à plus forte raison moindre que $\frac{q}{82 \times q}$, ou moindre que $\frac{1}{82}$.

Par conséquent, si nous avions achevé la division commencée en conservant toujours pour diviseur le nombre 8253482, nous aurions obtenu le quotient, avec une erreur par excès, moindre que $\frac{1}{82}$ d'unité. Le reste étant 1330454236,7 et le diviseur 8253482, nous aurions dû continuer la division en prenant pour dividende 1330454236,7 et pour diviseur 8252481, ou ce qui revient au même, en divisant 133045423,67 par 825348,2. Mais nous avons supprimé la partie décimale du diviseur, qui s'est ainsi trouvé réduit à 825348, et par suite, nous avons commis sur le quotient une nouvelle erreur par excès que nous allons évaluer.

Représentons le dividende 133045423,67 — par D', et appelons q' le quotient que l'on trouverait, si l'on divisait D' par 825348,2. L'erreur commise par la suppression de la partie décimale est la différence qui existe entre $\frac{D'}{825348}$ et $\frac{D'}{825348,2}$, ou bien entre $\frac{D' \times 825348,2}{825348 \times 825348,2}$ et $\frac{D' \times 825348}{825348 \times 825348,2}$; cette différence équivaut à

$$\frac{D' \times 825348,2 - D' \times 825348}{825348,2 \times 825348} = \frac{D' \times 0,2}{825348,2 \times 825348} = q' \times \frac{0,2}{825348};$$

si à la fraction $\frac{0,2}{825348}$ nous substituons $\frac{1}{820000}$, nous aurons augmenté la fraction ; l'erreur à évaluer est donc plus petite que $\frac{q'}{820000}$; mais si au dénominateur nous remplaçons 10000 par q' qui a une valeur plus petite, nous trouvons que l'erreur cherchée est à plus forte raison moindre que $\frac{q'}{82 \times q'}$ ou moindre que $\frac{1}{82}$.

Si nous avions achevé la division en conservant pour diviseur 825348, nous aurions obtenu le quotient avec une erreur par excès, moindre que $\frac{2}{82}$. Nous aurions dû continuer la division en prenant pour dividende le reste 133045423,67 et pour diviseur 825348, ou en divisant 13304542,367 par 82534,8. Mais nous avons réduit le diviseur à 82534 et commis sur le quotient une nouvelle erreur par excès.

Représentons 13304542,367 par D'', et $\frac{D''}{82534,8}$ par q''. La nouvelle erreur est la différence entre $\frac{D''}{82534}$ et $\frac{D''}{82534,8}$; cette différence équivaut à $\frac{D'' \times 82534,8 - D'' \times 82534}{82534,8 \times 82534} = q'' \times \frac{0,8}{82534}$, quantité plus petite que $\frac{q''}{82000}$ et à plus forte raison moindre que $\frac{q''}{82 \times q''}$, ou que $\frac{1}{82}$.

Si nous avions achevé la division en conservant pour diviseur 82534, nous aurions obtenu le quotient avec une erreur par excès, moindre que $\frac{5}{82}$. Nous aurions pu continuer en divisant 505144,2367, par 8253,4. Mais nous avons réduit le diviseur à 8253.

Représentons 505114,2367 — par D''', et $\frac{D'''}{8253,4}$ par q'''. La nouvelle erreur est $\frac{D''' \times 8253,4 - D''' \times 8253}{8253,4 \times 8253}$, quantité plus petite que $\frac{q'''}{8200}$, et à plus forte raison moindre que $\frac{1}{82}$.

Si nous avions achevé la division, nous aurions obtenu le quotient avec une erreur par excès, moindre que $\frac{1}{82}$; mais nous avons réduit le diviseur à 825.

En représentant $\frac{993,42367}{825,3}$ par q'''', la nouvelle erreur est une quantité plus petite que $\frac{q''''}{820}$, et à plus forte raison moindre que $\frac{1}{82}$.

Cette dernière division donnant le reste 168,42367, on en conclut que le quotient de la division proposée est $60161 + \frac{168,42367}{825}$, avec une erreur par excès plus petite que $\frac{5}{82}$, ou plus petite qu'une unité, puisque le numérateur de cette fraction est le nombre des chiffres du quotient et que le dénominateur est le nombre formé par les deux premiers chiffres à gauche du diviseur. Mais, d'un autre côté, en supprimant au quotient $\frac{168,42367}{825}$, on commet une erreur par défaut, moindre qu'une unité. L'erreur définitive commise, en prenant 60161 pour le quotient de la division proposée, étant la différence entre deux autres qui sont moindres chacune qu'une unité ; cette erreur définitive est certainement plus petite qu'une unité, quoiqu'il soit impossible d'affirmer si elle est en plus ou en moins.

Si le degré d'approximation est exprimé par une unité d'un ordre quelconque, il est toujours facile de ramener l'opération à l'évaluation du quotient à moins d'une unité près.

L'erreur *absolue* commise sur un nombre est ce qui faudrait lui ajouter ou en retrancher pour avoir le nombre exact.

L'erreur *relative* commise sur un nombre est le quotient de l'erreur absolue divisée par le nombre exact.

Il existe une relation très simple entre l'erreur relative commise sur un nombre et le nombre des chiffres exacts qui le composent. Soit le nombre 3,1415 approché à moins d'un dix-millième, et par conséquent formé de cinq chiffres exacts. L'erreur absolue est ici plus petite que $\frac{1}{10000}$; cette erreur, divisée par le nombre exact, qui est plus grand que 3, donne un quotient plus petit que $\frac{1}{30000}$; telle est l'erreur relative. On dira plus simplement que l'erreur relative est moindre que $\frac{1}{10000}$, *à fortiori*.

De même dans le nombre 26,743 approché à moins d'un millième et contenant 5 chiffres exacts, l'erreur absolue est moindre que 0,004 ; et si on la divise par le nombre exact qui est plus grand que 10, on voit que l'erreur relative est moindre que 0,0004.

D'où on conclut que l'erreur relative est moindre qu'une unité décimale de l'ordre marqué par le nombre des chiffres exacts moins un.

Réciproquement, si on sait que l'erreur relative est moindre qu'une unité décimale d'un certain ordre, on pourra compter sur autant de chiffres exacts dans le nombre approché, plus un.

Supposons, par exemple, que l'erreur relative soit moindre qu'une unité décimale du troisième ordre ou qu'un millième ; cela signifie que l'erreur absolue n'est pas le millième du nombre exact. Or, l'erreur absolue est une unité de l'ordre du dernier chiffre à droite du nombre approché, par conséquent ce nombre vaut plus de mille fois une unité de l'ordre du chiffre qui le termine à droite ; donc le chiffre des plus hautes unités doit être le quatrième à gauche.

Les erreurs relatives étant généralement des fractions assez petites, le produit de deux erreurs relatives est une fraction très petite, toujours négligeable quand on le rencontre à côté de l'erreur relative elle-même.

Dans un produit de deux facteurs approchés, l'erreur relative du produit est égale à la somme des erreurs relatives des deux facteurs.

Supposons qu'ayant à multiplier $a \times b$, on multiplie $a + g$ par $b + h$. Le produit sera $a \times b + b \times g + a \times h + g \times h$. L'erreur absolue sera $b \times g + a \times h + g \times h$, et l'erreur relative sera, réductions faites $\frac{g}{a} + \frac{h}{b} + \frac{g}{a} \times \frac{h}{b}$; mais le

produit $\frac{g}{a} \times \frac{h}{b}$ pouvant être négligé à côté des erreurs
relatives elles-mêmes, on en conclut que l'erreur relative du
produit est la somme des erreurs relatives des deux facteurs,
et en généralisant :

Dans un produit de plusieurs facteurs, l'erreur relative
du produit est la somme des erreurs relatives de ces
facteurs.

Par suite, l'erreur relative d'un quotient est la différence
entre l'erreur relative du dividende et l'erreur relative du
diviseur.

En effet, le dividende est un produit dont le diviseur et
le quotient sont les deux facteurs ; l'erreur relative du dividende est donc la somme des erreurs relatives du diviseur
et du quotient.

Ces propositions permettent toujours d'estimer le degré
d'approximation sur lequel on peut compter dans un résultat
d'après celui avec lequel les données sont connues. Si les
données ne doivent être combinées que par addition ou
multiplication, l'erreur relative du résultat est égale à la
somme des erreurs relatives de ces données. S'il y a à faire
des soustractions ou des divisions, l'erreur relative du
résultat est alors moindre que la somme des erreurs relatives
des données. En thèse générale, on pourra donc regarder
toujours l'erreur relative du résultat comme égale à la somme
des erreurs relatives des données ; et, de cette manière, on
aura apprécié l'erreur relative du résultat en l'exagérant,
de sorte que l'on pourra compter avec certitude sur les
chiffres que cette appréciation indiquera comme exacts.

Puisque d'ailleurs l'erreur relative d'un nombre ne dépend
que du nombre des chiffres exacts qui le composent ; si
toutes les données sont connues avec le même nombre de
chiffres, le résultat sera connu avec un chiffre exact de moins,
pourvu que le nombre des données ne surpasse pas dix, ce
qui arrive très rarement.

DIX-HUITIÈME ET DIX-NEUVIÈME LEÇONS.

FRACTIONS DÉCIMALES PÉRIODIQUES.

On a vu combien est facile le calcul des nombres décimaux. Aussi, dans la pratique, cherche-t-on à ramener les fractions ordinaires à des fractions décimales équivalentes.

Puisqu'une fraction ordinaire est le quotient de son numérateur par son dénominateur, on réduira une fraction ordinaire en décimales, en effectuant cette division par les méthodes indiquées dans la précédente leçon.

EXEMPLE 1. — *Convertir $\frac{3}{16}$ en fraction décimale. La fraction à convertir est irréductible, ce que nous supposerons toujours; car s'il n'en était pas ainsi, on commencerait par réduire à sa plus simple expression la fraction donnée. Je fais la division de 3 par 16.*

$$
\begin{array}{r|l}
3 & 16 \\
30 & \overline{} \\
140 & 0,1875 \\
120 & \\
80 & \\
00 & \\
\end{array}
$$

Je trouve exactement le nombre décimal équivalent 0,1875.

EXEMPLE 2. — *Convertir $\frac{3}{7}$ en décimales.*

J'effectue la division de 3 par 7.

```
3          7
30         ──────────
  20       0,428571
   60
    40
     50
      10
       3
```

Ici on retrouve au bout de sept divisions partielles le premier dividende 3, de telle sorte que les mêmes dividendes, et par suite les mêmes chiffres du quotient vont se reproduire constamment et dans le même ordre à partir de la virgule.

EXEMPLE 3. — *Convertir* $\frac{3}{175}$ *en décimale.*

J'effectue la division de 3 par 175.

```
3          175
30         ──────────
300        0,01714285
1250
 250
  750
   500
    1500
     1000
      125
```

Ici on retrouve au bout de neuf divisions partielles un reste 125 déjà obtenu, lequel va ramener tous les suivants. Donc nous aurons au quotient un ensemble de chiffres qui sera le même indéfiniment ; seulement cet ensemble ne commence pas au premier chiffre après la virgule.

Comme on le voit par les exemples qui précèdent, deux

cas principaux se présentent : ou la fraction décimale se termine ou elle ne se termine pas.

Je dis que dans ce dernier cas la fraction décimale sera *périodique,* c'est-à-dire qu'il y aura un certain assemblage de chiffres qui se reproduiront constamment et dans le même ordre.

Car, quel que soit le dénominateur, comme dans la conversion il sert de diviseur et que chacun des restes obtenus dans le cours de la division est moindre que ce dénominateur, on ne pourra avoir de restes différents qu'une quotité égale au dénominateur diminué de 1.

Donc quand on aura fait, au plus, autant de divisions que l'indique le dénominateur, on devra retrouver un reste déjà obtenu et à partir de ce reste, tous les restes successifs vont se reproduire, ainsi que les chiffres du quotient et dans le même ordre.

Dans l'exemple 1 la fraction décimale est dite *finie ;* dans l'exemple 2 la fraction décimale est dite *périodique simple ;* dans l'exemple 3 la fraction décimale est dite *périodique mixte.* Dans ce dernier cas l'ensemble des chiffres compris entre la virgule et l'ensemble des chiffres qui se répètent, se nomme *partie non-périodique.*

Dans tous les cas l'ensemble des chiffres qui se répètent prend le nom de *période.*

On peut reconnaître à certains signes quand est-ce qu'une fraction ordinaire (supposée irréductible) donne lieu à une fraction décimale finie ou périodique ; ce qui est l'objet des deux théorèmes suivants.

THÉORÈME 1. — *Quand le dénominateur d'une fraction irréductible ne contient que les facteurs premiers 2 et 5, cette fraction sera exactement réductible en décimales.*

Pour le prouver, il suffit de montrer que cette fraction est équivalente à une autre dont le dénominateur est une puissance de 10.

Or si les facteurs 2 et 5 entrent au dénominateur avec des

exposants égaux, comme $2 \times 5 = 10$, le produit des facteurs 2 et 5 affectés d'un même exposant, sera égal à une
puissance de 10 affecté du même exposant. Si les facteurs
2 et 5 entrent au dénominateur avec des exposants inégaux, on multipliera les deux termes de la fraction par le
facteur qui a le plus petit exposant et cela assez de fois
pour que les exposants des deux facteurs soient devenus
égaux. La fraction n'aura pas changé de valeur et sera
ramenée au premier cas.

Théorème 2. — *Quand le dénominateur d'une fraction irréductible contient un facteur premier autre que* 2 *ou* 5, *cette
fraction convertie en décimales donne lieu à un développement
périodique.*

Le développement ne saurait être fini. Car une fraction
décimale étant une fraction ordinaire dont le dénominateur
est une puissance de 10, si cette fraction était équivalente
à la proposée, il faudrait que ses termes fussent des équimultiples des deux termes de la première, ce qui est impossible, car une puissance de 10 ne saurait être un multiple
d'un facteur premier autre que 2 ou 5. Le développement
n'étant pas fini doit être périodique.

Il resterait à déterminer dans quels cas ce développement
serait périodique, simple ou mixte, et à déterminer, dans ce
dernier cas, combien il y aurait de chiffres entre la virgule
et l'ensemble des chiffres qui se répètent. Cette détermination fera l'objet d'une note à la fin de l'ouvrage.

Nous avons vu comment on passe d'une fraction ordinaire
à la fraction décimale équivalente, soit qu'on puisse obtenir
cette dernière exactement ou seulement par approximation.
Nous allons traiter le problème inverse, c'est-à-dire chercher la fraction ordinaire, qui convertie en décimales donnerait un développement connu. Cette fraction ordinaire se
nomme *la génératrice* de la fraction décimale.

Si la fraction décimale est finie, on n'a, comme on a déjà
vu, qu'à prendre pour numérateur le nombre qui résulte de

la suppression de la virgule et lui donner pour dénominateur l'unité suivie d'autant de zéros qu'il y avait de chiffres décimaux et à simplifier s'il y a lieu.

Si la fraction décimale est périodique, on observera que l'erreur commise en prenant la fraction décimale au lieu de la fraction ordinaire diminue de plus en plus, à mesure qu'on prend un plus grand nombre de périodes.

Car, lorsque dans un nombre décimal on s'arrête à un chiffre quelconque, l'ensemble des chiffres négligés est moindre qu'une unité du dernier ordre conservé, puisque dans le cas le plus défavorable tous ces chiffres ne peuvent être que des 9.

On peut donc dire : *la fraction ordinaire génératrice est la limite vers laquelle tend la fraction décimale périodique quand on prend un nombre de chiffres décimaux de plus en plus grand.*

Proposons-nous de trouver cette limite pour la fraction périodique simple 0,3131, etc... Commençons par prendre un nombre limité de périodes, 3 par exemple. Si on multiplie par 100 la fraction 0,313131, ce qui donne 31,3131, et si on retranche de ce résultat la fraction elle-même, qui se compose de 0,3131 + 0,000031, la différence sera 31 — 0,000031 et représentera 99 fois la fraction décimale. Cette fraction décimale sera donc égale à $\frac{31}{99}$, moins la 99e partie de 0,000031.

Si l'on eût pris 4 périodes au lieu de 3, on aurait trouvé, en opérant d'une façon identique, que la fraction décimale aurait différé de $\frac{31}{99}$ de la 99e partie de la fraction 0,00000031 et ainsi de suite.

Or, ces fractions, dont la 99e partie représente la différence avec $\frac{31}{99}$, sont de plus en plus petites et peuvent devenir moindres que toute quantité connue aussi petite qu'on voudra ; donc $\frac{31}{99}$ est la fraction génératrice. D'où cette règle générale.

La fraction ordinaire génératrice d'une fraction décimale

périodique simple a pour numérateur la période et pour dénomi-
nateur un nombre composé d'autant de 9 qu'il y a de chiffres à
la période.

Soit maintenant la fraction périodique mixte 0,415929292...
prenons toujours un nombre limité de périodes, 3 par
exemple. Transportons la virgule successivement à droite
et à gauche de la première période, nous aurons deux nombres qui représenteront 10000 fois et 1000 fois la fraction,
et dont la différence 41177 — 0,000092 représentera 99
mille fois la fraction. Cette fraction est donc égale à $\frac{41177}{99000}$,
moins la 99000ᵉ partie de 0,000092.

Mais si l'on eût pris 4 périodes au lieu de 3, on eût
trouvé que la différence de la fraction décimale avec $\frac{41177}{99000}$
eût été la 99000ᵉ partie d'une fraction moindre que la
précédente.

Donc, puisque la différence de la fraction décimale avec
$\frac{41177}{99000}$ devient de plus en plus petite à mesure qu'on prend
un plus grand nombre de périodes, cette fraction est la limite
vers laquelle tend la fraction périodique mixte. En d'autres
termes, c'est la valeur de la fraction.

Donc, si on observe que 41177 est la différence des
entiers qu'on obtient en transportant successivement la virgule à droite et à gauche de la première période, on peut
dire, en règle générale :

La fraction ordinaire génératrice d'une fraction décimale
périodique mixte a pour numérateur la différence des entiers
qu'on obtient en transportant successivement la virgule à droite
et à gauche de la première période, et pour dénominateur un
nombre composé d'autant de 9 qu'il y a de chiffres à la période,
suivi d'autant de zéros qu'il y a de chiffres à la partie non pério-
dique. — On remarquera que le numérateur ne peut jamais
être divisible par 10, mais il peut l'être par 2 ou 5.

VINGTIÈME LEÇON.

On a déjà dit que mesurer une grandeur c'est la comparer à une autre de même espèce qui prend le nom d'unité.

Les grandeurs que l'on peut avoir à mesurer peuvent se partager en six classes principales :

1° Les longueurs ;

2° Les surfaces ;

3° Les volumes ;

4° Les capacités ;

5° Les poids ;

6° Les monnaies ;

L'ensemble des diverses unités choisies constitue le système légal des poids et mesures ainsi nommé, parce que, depuis 1840, il est le seul reconnu par la loi. On le nomme aussi système métrique, parce que toutes les mesures y dérivent de l'unité de longueur appelée *mètre*.

Les géomètres, chargés de la création d'un nouveau système de poids et mesures, firent choix d'une grandeur qui fût invariable avec le temps et prise le plus possible dans la nature même.

Ils mesurèrent, à l'aide des unités de longueur usitées alors, l'arc de méridien terrestre compris entre Dunkerque et Barcelone et en déduisirent la longueur du méridien terrestre ou celle de son quart.

Ce quart, divisé en dix millions de parties égales, a été pris pour unité de longueur et nommé *mètre*.

L'unité de longueur en usage à cette époque était la toise qui se divisait en 6 pieds, le pied se divisait en 12 pouces, le pouce en 12 lignes, la ligne en 12 points.

L'on trouva que le quart du méridien terrestre se composait de 5130740 toises, de telle sorte que, par convention, 5130740 toises valent 10,000,000 de mètres.

Pour éviter l'emploi de nombres trop petits ou trop grands dont on se fait difficilement une idée exacte, on a composé avec le mètre des mesures plus grandes et plus petites, qui en sont des multiples ou des sous-multiples et dont voici la nomenclature.

Le *Myriamètre*, qui vaut 10 mille mètres ou 10 kilomètres.

Le *Kilomètre*, qui vaut 1000 mètres ou 10 hectomètres.

L'*Hectomètre*, qui vaut 100 mètres ou 10 décamètres.

Le *Décamètre*, qui vaut 10 mètres.

Le *Mètre*, qui est l'unité fondamentale.

Le *Décimètre*, qui vaut la dixième partie du mètre.

Le *Centimètre*, qui vaut la dixième partie du décimètre ou le centième du mètre.

Le *Millimètre*, qui vaut la millième partie du mètre on la dixième partie du centimètre.

Ainsi que nous l'avons dit, chacune des longueurs susdites sert au besoin l'unité. Mais on voit combien il sera facile de ramener les nombres exprimant telles unités qu'on voudra à telle autre, car ces unités suivent la même loi que les nombres entiers et décimaux.

Les avantages de ce système sont si nombreux qu'il est essentiel de ramener à ce système les évaluations faites dans un système différent.

Des tables de conversion ont été dressées à cet effet. Il est clair que si l'on veut ramener l'ancienne toise au mètre, par exemple, il faudra connaître l'évaluation d'une même grandeur, tant en toises qu'en mètres, et de même pour tout autre système d'unités que l'on aurait à convertir. Or, nous savons que 5130740 fois la toise valent 10,000,000 fois le mètre. Donc, en divisant le nombre 10,000,000 par 5130740, on trouvera la valeur de la toise en mètres, qui est 1,94904. On en déduira, en divisant par 6, la valeur du pied qui est $0^m,32484$; en divisant cette dernière valeur par 12 on aura la valeur du pouce qui est $0^m,02707$, et celle-ci, divisée par 12, donnera la valeur de la ligne qui est $0^m,00226$.

Pareillement, si on voulait savoir ce qu'était la nouvelle mesure, par rapport à l'ancienne, il faudrait diviser 5130740 par 10 millions ; et on trouverait que le mètre vaut $0^t,5130740$; cette fraction de toise, évaluée en pieds, pouces, lignes, devient $3^{pi} 0^{po} 11^{li}$, 296 à moins d'un demi-millième de ligne. On est donc en mesure de convertir un nombre quelconque de toises et de ses subdivisions en mètres et sousmultiples de mètres : soit donc à convertir $257^t 5^{pi} 8^{po} 11^l$.

1re *Méthode.* — Puisqu'une toise vaut $1^m,94904$, 257 toises valent 257 fois $1^m,94904$ ou $500^m,90328$. De même, 5 pieds valent 5 fois $0^m,32484$ ou $1^m,62420$ et ainsi de suite. J'ajoute les 4 produits et j'obtiens ainsi $502^m,76890$.

2e *Méthode.* — Les nombres qui expriment en mètres les valeurs de la toise et ses subdivisions n'étant qu'approchés, les erreurs commises se trouvent multipliées. Mais si on convertit le nombre donné en lignes, qui vaut la 864e partie de la toise, on en trouvera 222875 ; donc le nombre donné est les $\frac{222875}{864}$ de la toise, et la toise étant les $\frac{10000000}{5130740}$ du mètre, le nombre donné est une fraction du mètre indiquée par le produit $\frac{222875}{864} \times \frac{10000000}{5130740}$, et si on effectue ce calcul on trouvera $502^m,76797$.

VINGT-UNIÈME LEÇON.

UNITÉS DE SURFACE ET DE VOLUME.

L'unité de surface est le mètre carré, c'est-à-dire un carré dont chaque côté a une longueur d'un mètre. De même que dans les longueurs, on a créé avec cette unité d'autres surfaces qui en sont des multiples ou des sous-multiples et qui, pour des surfaces très grandes ou très petites, serviront aussi d'unités.

Ces multiples et sous-multiples sont :

Le *Myriamètre* carré, qui vaut 100 kilomètres carrés ou 100 millions de mètres carrés.

Le *Kilomètre* carré, qui vaut 100 hectomètres carrés ou 1 million de mètres carrés.

L'*Hectomètre* carré, qui vaut 100 décamètres carrés ou 10000 mètres carrés.

Le *Décamètre* carré, qui vaut 100 mètres carrés.

Le *Mètre* carré, unité principale.

Le *Décimètre* carré, qui vaut la 100e partie du mètre carré.

Le *Centimètre* carré, qui vaut la 100e partie du décimètre carré.

Le *Millimètre* carré, qui vaut la 100e partie du centimètre carré.

L'unité de mesure pour les surfaces d'une certaine étendue est le décamètre carré qui prend le nom d'Are. Les seuls multiples et sous-multiples de l'are qui soient usités sont l'hectare qui vaut 100 ares et le centiare qui vaut la centième partie de l'are et qui, par conséquent, n'est autre que le mètre carré.

Le décare et le kilare, le déciare, le milliare ne sont pas employés, parce que les côtés des carrés qui les représenteraient ne seraient pas commensurables avec le mètre.

Nous venons de voir que les diverses unités de surface sont 100 fois plus grandes les unes que les autres. Nous allons établir ce fait, et nous dirons d'abord qu'un carré est une surface qui a quatre côtés égaux et ses angles droits.

Puisqu'un mètre vaut 10 décimètres, si on place les uns à côtés des autres 10 décimètres carrés, c'est-à-dire

7

10 carrés qui ont chacun un décimètre de côté, on a une surface d'un mètre de longueur sur un décimètre de largeur. Si à côté de ces 10 décimètres carrés, on en dispose une rangée de 10 autres, on a en tout une surface de 1 mètre de longueur sur 2 décimètres de largeur. En continuant ainsi jusqu'à ce qu'il y ait 10 rangées composées chacune de 10 décimètres carrés, on formera une surface de 1 mètre de longueur sur un mètre de largeur, c'est-à-dire 1 mètre carré; et, comme il a fallu pour cela disposer les uns à côté des autres 10 fois 10 décimètres carrés, ou 100 décimètres carrés, on en conclut qu'*un mètre carré vaut 100 décimètres carrés.*

On prouverait de même que le décamètre carré vaut 100 mètres carrés; que l'hectomètre carré vaut 100 décamètres carrés; et ainsi de suite. De même, le décimètre carré vaut 100 centimètres carrés, le centimètre carré vaut 100 millimètres carrés, et, en général, *si les côtés des carrés sont de 10 en 10 fois plus grands, les surfaces de ces carrés sont de 100 en 100 fois plus grandes.*

Remarque. — Comme le décamètre carré n'est autre chose que l'are, il s'ensuit que l'are vaut 100 mètres carrés, et que le centiare équivaut au mètre carré.

On appelle cube un volume ayant la forme d'une boîte terminée par six faces carrées.

On prend pour unités de volume, les cubes construits sur les unités de longueur.

L'unité principale est le mètre cube. On n'emploie guère d'unités plus grandes que le mètre cube; mais on emploie fréquemment parmi les sous-multiples le décimètre cube et le centimètre cube.

Le mètre cube vaut 1000 décimètres cubes, le décimètre cube vaut 1000 centimètres cubes, et en général chacune des unités de volume est 1000 fois plus grande que l'unité inférieure. Pour le prouver, observons que puisqu'un mètre carré vaut 100 décimètres carrés, et que chaque face d'un décimètre cube est d'un décimètre carré, on peut concevoir que l'on ait disposé 100 décimètres cubes sur chacun des 100 décimètres carrés, ce qui formera un volume de 1 mètre de longueur sur un mètre de largeur, mais seulement sur un décimètre de hauteur. Actuellement, si, sur les 100 décimètres cubes on en pose 100 autres, on aura un volume de 1 mètre de longueur sur 1 mètre de largeur et 2 décimètres de hauteur; continuant ainsi, on voit qu'à chaque nouvelle superposition la hauteur augmente de 1 décimètre; donc, quand on aura superposé 10 tranches composées chacune de 100 décimètres cubes, on aura formé un volume qui aura 1 mètre de longueur, 1 mètre de largeur et 1 mètre de hauteur, c'est-à-dire un mètre cube; or, pour cela, il aura fallu 10 fois 100 décimètres cubes; donc 1 *mètre cube vaut 1000 décimètres cubes.*

On prouverait de même que le décamètre cube vaut 1000 mètres cubes, que l'hectomètre cube vaut 1000 décamètres cubes, et ainsi de suite. De même, le décimètre cube vaut 1000 centimètres cubes, le centimètre cube vaut 1000 millimètres cubes; et, en général, *si les côtés des cubes sont de 10 en 10 fois plus grands, les volumes de ces cubes sont de 1000 en 1000 fois plus grands.*

L'unité de volume appliquée à la mesure des bois de chauffage prend le nom de Stère. Il n'a qu'un multiple, le décastère, et même plus ordinairement on multiplie le stère par les nombres ordinaires.

Le stère est un châssis composé d'une solive horizontale sur laquelle s'appuient deux montants verticaux distants de 1 mètre et dont la hauteur varie avec la longueur habituelle des bûches. Cette hauteur serait de 1 mètre si les bûches avaient cette longueur. Mais si les bûches ont $1^m,14$, comme à Paris, les montants auront seulement $0^m,88$ de hauteur.

L'unité principale pour la mesure des liquides et des grains est le décimètre cube qui prend alors le nom de Litre.

Les subdivisions usitées du litre sont le décilitre et le centilitre.

Les multiples employés sont le décalitre et l'hectolitre.

La numération des multiples et sous-multiples du litre est la même que pour les multiples et sous-multiples du mètre.

Pour les mesures des liquides et des grains on se sert de vases cylindriques en métal, dont la hauteur est double du diamètre, et de mesures en bois dont la hauteur est égale au diamètre.

La loi autorise l'usage du double et de la moitié de chaque mesure décimale; de là les nombres 2 et 5 que l'on rencontre constamment dans la nomenclature des mesures de capacité, de poids et dans celle des monnaies.

VINGT-DEUXIÈME LEÇON.

POIDS ET MONNAIES.

L'unité de poids est le Gramme : c'est ce que pèse dans le vide 1 centimètre cube d'eau distillée à la température de 4 degrés centigrades où l'eau atteint son maximum de densité.

Les subdivisions usitées du gramme sont le décigramme, le centigramme, le milligramme, qui représentent respectivement la 10e, 100e, 1000e partie du gramme.

Les multiples du gramme sont le décagramme, l'hecto-
gramme, le kilogramme, valant respectivement 10, 100,
1000 grammes.

Le quintal métrique qui vaut 100 kilogrammes et le
tonneau ou tonne qui vaut 1000 kilogrammes.

Il est bon d'observer que le kilogramme est le poids d'un
litre d'eau distillée à la température de 4 degrés centigrades. Le tonneau est le poids du mètre cube du même
liquide.

Les poids adoptés pour peser les marchandises sont en
fonte ou en cuivre.

On les partage en trois séries. Les gros poids qui dépassent
le kilogramme ; les poids moyens qui vont du kilogramme
au gramme ; les petits poids qui commencent à partir du
gramme.

Les poids d'un demi-gramme et au-dessous sont des
lames de cuivre minces et carrées. Ce sont les poids de 1,
2, 5 milligrammes, centigrammes, décigrammes. Ils servent
principalement à peser les matières précieuses. On les
emploie aussi dans les manipulations chimiques, dans la
pharmacie et pour les expériences délicates de la physique.

L'unité monétaire est le Franc. Le franc est une pièce
qui pèse 5 grammes et qui contient les 9 dixièmes de son
poids en argent pur et 1 dixième de cuivre. Les subdivisions
usitées du franc sont le décime ou dixième de franc, le cen-
time ou centième de franc. Les multiples du franc n'ont
pas reçu de nom particulier.

La série des monnaies se compose de 12 pièces, dont la
valeur, le diamètre, le poids sont indiqués dans le tableau
suivant. Nous y avons compris les nouvelles monnaies de
bronze, dont la composition est 0,95 de cuivre, 0,04
d'étain, 0,01 de zinc.

Or.		Poids.	Diamètre.
Pièce de	100 francs,	32^{gr},258,	35 millimètres.
»	50 francs,	16^{gr},129,	28
»	20 francs,	6^{gr},4516,	21
»	10 francs,	3^{gr},2258,	19
»	5 francs.	1^{gr},6129,	17

Argent.		Poids.	Diamètre.
Pièce de	5 francs,	25 grammes,	37 millimètres.
»	2 francs,	10 grammes,	27
»	1 franc,	5 grammes,	23
»	0^f,50^c,	2^{gr},50,	18
»	0^f,20^c,	1 gramme,	15

Bronze.		Poids.	Diamètre.
Pièce de	0^f,10^c,	10 grammes,	30 millimètres.
»	0^f,05^c,	5 grammes,	25
»	0^f,02^c,	2 grammes,	20
»	0^f,01^c,	1 gramme,	15

Le mélange de plusieurs métaux fondus se nomme *alliage*. Tout fragment d'un métal ou d'un alliage est un *lingot*.

Le *titre* d'un alliage par rapport à un métal est le rapport du poids de ce métal au poids total de l'alliage. C'est ainsi que le titre légal de nos monnaies est de 0,09 ou de 0,900 par rapport à l'or ou l'argent. L'on accorde d'ailleurs au fabricant une tolérance de 0,003 en plus ou en moins pour le titre et une tolérance pour le poids, savoir : 13 milligrammes pour la pièce de 20 francs et 26 pour la pièce de 40 francs. Pour les pièces d'argent, la tolérance est de 25 milligrammes pour la pièce de 1 franc, 50 pour la pièce de 2 francs, et 75 pour la pièce de 5 francs.

Nous n'insérons point ici d'exemples de conversion d'an-

ciennes mesures en nouvelles, mais nous donnons deux
tables qui 'peuvent faciliter les conversions les plus com-
munes qu'on peut avoir à faire.

PREMIER TABLEAU.

Conversion des mesures linéaires anciennes en nouvelles.

NUMÉROS	TOISES EN MÈTRES.	PIEDS EN MÈTRES.	POUCES EN MÈTRES.	LIGNES EN MÈTRES.
1	1,94904	0,32484	0,027070	0,002256
2	3,89807	0,64968	0,054140	0,004512
3	5,84711	0,97452	0,081210	0,006768
4	7,79615	1,29936	0,108280	0,009024
5	9,74519	1,62420	0,135350	0,011280
6	11,69422	1,94904	0,162419	0,013536
7	13,64326	2,27388	0,189489	0,015792
8	15,59230	2,59872	0,216559	0,018048
9	17,54133	2,92356	0,243629	0,020304
10	19,49037	3,24840	0,270699	0,022560

DEUXIÈME TABLEAU.

Réduction des poids anciens en poids nouveaux.

NUMÉROS	LIVRES en KILOGRAMMES.	ONCES en KILOGRAMMES.	GROS en KILOGRAMMES.	GRAINS en KILOGRAMMES.
1	0,48951	0,03059	0,003824	0,0000531
2	0,97901	0,06119	0,007648	0,0001062
3	1,46852	0,09178	0,011472	0,0001593
4	1,95802	0,12238	0,015296	0,0002124
5	2,44753	0,15297	0,019120	0,0002655
6	2,93704	0,18356	0,022944	0,0003186
7	3,42654	0,21416	0,026768	0,0003717
8	3,91605	0,24475	0,030592	0,0004248
9	4,40555	0,27535	0,034416	0,0004779
10	4,89506	0,30594	0,038240	0,0005310

Veut-on savoir quelle longueur représente en mètres 5 pieds 6 pouces, on trouve au premier tableau :

$$5 \text{ pieds} = 1,624197$$
$$6 \text{ pouces} = 0,162420$$
$$\overline{\text{Total}\ldots\ldots\ 1,786617}$$

Il est évident que ces tables sont suffisantes pour tous les cas.

VINGT-TROISIÈME ET VINGT-QUATRIÈME LEÇONS.

PUISSANCES ET RACINES.

Le *carré* d'un nombre est le produit de ce nombre multiplié par lui-même, et la *racine carrée* d'un nombre est un nombre qui, multiplié par lui-même ou élevé au carré, reproduit le nombre proposé.

Le signe $\sqrt{}$ est employé pour indiquer qu'un nombre est la racine carrée d'un autre ; ainsi $7 = \sqrt{49}$ indique que $7 \times 7 = 49$.

La table de Pythagore nous fournit les carrés des nombres composés d'un seul chiffre. Ainsi les nombres 1, 2, 3, 4, 5, 6, 7, 8, 9, 10, auront respectivement pour carrés : 1, 4, 9, 16, 25, 36, 49, 64, 81, 100.

La théorie de la multiplication nous permettra également de former le carré d'un nombre composé d'autant de chiffres qu'on voudra.

Le carré d'un produit s'obtiendra en élevant successivement au carré chacun des facteurs.

En effet $(4.9)^2 = 4.9 \times 4.9 = 4.4.9.9 = 4^2.9^2$.

Le carré d'une fraction s'obtiendra en divisant le carré du numérateur par le carré du dénominateur.

En effet $(\frac{4}{9})^2 = \frac{4}{9} \times \frac{4}{9} = \frac{4 \times 4}{9 \times 9} = \frac{4^2}{9^2}$.

Recherchons maintenant la loi de composition du carré d'un nombre, composé de deux parties, $9 + 4$, par exemple. Nous avons, d'après la définition :

$$(9 + 4)^2 = (9 + 4).(9 + 4).$$

Mais, multiplier $9 + 4$ par $9 + 4$, c'est faire la somme de 9 nombres égaux à $9 + 4$, puis de 4 nombres égaux aussi à $9 + 4$. Nous aurons donc :

$$(9 + 4)^2 = (9 + 4).9 + (9 + 4).4.$$

D'un autre côté, multiplier une somme par 9 ou par 4, c'est répéter 9 fois ou 4 fois les deux parties de la somme. Donc :

$$(9+4)^2 = 9^2 + 4.9 + 9.4 + 4^2$$

ou $\qquad (9+4)^2 = 9^2 + 2 \times 9 \times 4 + 4^2$

C'est-à-dire que le carré d'un nombre composé de deux parties, renferme le carré de la première partie, plus le double produit de la première par la deuxième, plus le carré de la deuxième.

En appliquant cette loi de formation du carré à la recherche du carré de $(a + 1)$, nous aurons :

$$(a + 1)^2 = a^2 + 2a + 1.$$

Ces deux quantités étant égales, elles le seront encore, si nous leur retranchons une même quantité a^2. Donc :

$$(a + 1)^2 - a^2 = 2a + 1.$$

Ce qui prouve que *la différence des carrés de deux nombres entiers consécutifs, est égale au double du plus petit nombre augmenté de l'unité.*

La formation des carrés étant connue, passons à l'opération inverse : l'extraction des racines.

Il ne sera pas toujours possible de trouver un nombre entier qui, élevé au carré, reproduise un nombre entier donné. Car, si nous consultons la table des carrés des 9 premiers nombres, nous voyons qu'un nombre quelconque compris entre 6^2 ou 36, et 7^2 ou 49, aura sa racine carrée comprise entre 6 et 7; elle ne sera donc pas entière; 6 sera sa racine carrée à une *unité près*, en moins, et 7 sera sa racine carrée à une *unité près*, en plus. Ainsi, sachant surtout que la différence des carrés de deux nombres entiers consécutifs est égale au double du plus petit nombre plus un, si nous prenons un nombre au hasard, il sera peu probable que ce nombre ait une racine entière. Nous allons d'abord donner les moyens de trouver les nombres entiers entre lesquels est comprise cette racine, c'est-à-dire extraire la racine carrée du nombre à une *unité près*. Nous appellerons *reste de la racine*, la quantité qu'il faudrait ajouter au carré du plus petit des nombres qui la comprennent pour reproduire le nombre proposé.

Cela posé, proposons-nous d'extraire exactement, si cela est possible, ou à une *unité près*, dans le cas contraire, la racine carrée du nombre 116964.

11.69.64	342	
26.9	64	682
1 3 6.4	4	2
0		
	256	1364

Le nombre proposé étant plus grand que 100, sa racine carrée sera plus grande que 10; elle sera donc composée de deux parties : 1° des dizaines ; 2° des unités ; mais alors le nombre proposé contiendra, outre le reste, s'il y en a un : 1° le carré de ces dizaines ; 2° le double produit de ces dizaines par les unités ; 3° le carré de ces mêmes unités.

Or, le carré des dizaines de la racine donnant un nombre exact de centaines, ne peut se trouver que dans les 1169 centaines du nombre proposé.

Si maintenant, après avoir séparé par un point les deux derniers chiffres à droite du nombre proposé, nous extrayons la racine du plus grand carré contenu dans la partie restante 1169, considérée comme exprimant des unités simples, nous aurons l'ensemble des dizaines de la racine.

Car, supposons que 1169 soit compris entre 34^2 et 35^2, il en résultera que 1169×100 sera compris entre $34^2 \times 100$ et $35^2 \times 100$. Or, 1169×100 étant moindre que $35^2 \times 100$ en diffère au moins de 100 et par conséquent $1169 \times 100 + 64$ sera moindre que $35^2 \times 100$, et à fortiori, plus grand que $34^2 \times 100$.

Donc la racine carrée de 116964 sera comprise entre 34×10 et 35×10, ou en d'autres termes, cette racine contiendra 34 dizaines plus un certain nombre d'unités moindres que 10.

Ainsi, pour avoir les dizaines de la racine cherchée, nous sommes ramenés à extraire la racine carrée de 1169, considérée comme exprimant des unités simples.

Ce nombre 1169 étant encore plus grand que 100, nous reprendrions le même raisonnement, et pour avoir le chiffre des dizaines de la nouvelle racine, nous serions conduits à extraire la racine carrée du plus grand carré contenu dans les 11 centaines du nouveau nombre, et ainsi de suite, si le nombre 11 avait été lui-même plus grand que 100.

Il résulte de là que, *pour extraire la racine carrée d'un nombre, il faudra commencer par diviser le nombre en tranches de deux chiffres, à partir de la droite, et que la racine carrée du plus grand carré contenu dans la première tranche à gauche (tranche qui pourra n'être composée que d'un seul chiffre), sera le chiffre des plus hautes unités de la racine.* Le nombre de chiffres de la partie entière de la racine sera d'ailleurs égal au nombre de tranches.

Continuons maintenant le procédé : nous avons été ramenés à extraire la racine carrée de 1169 considéré comme exprimant des unités simples, et nous savons que, pour avoir le chiffre des dizaines de la racine de ce nouveau nombre, il faut extraire la racine du plus grand carré contenu dans 11.

Le plus grand carré contenu dans 11 est 9, dont la racine carrée est 3. Ainsi, 3 sera le véritable chiffre des dizaines. En retranchant le carré de ce nombre, c'est-à-dire 9 centaines du nombre 1169, nous obtenons un reste 269 qui contient encore le double produit des dizaines par les unités, plus le carré des unités ; or, le double produit des dizaines par les unités, ne pouvant donner que des dizaines, doit se trouver dans les 26 dizaines du reste. En divisant 26 par le double des dizaines 6, le chiffre entier du quotient 4 ne pourra pas être moindre que le véritable chiffre des unités, mais il pourra lui être supérieur. Car, dans les 26 dizaines du reste, il peut se trouver des dizaines provenant du carré des unités, et même du reste de la racine.

Pour reconnaître si ce chiffre 4 n'est pas trop fort, il faut former le double produit des 3 dizaines par 4, plus le carré de 4, c'est-à-dire écrire le chiffre 4 à côté du double des dizaines 6, et multiplier l'ensemble 64 par 4. Le produit 256 étant inférieur au reste 269, nous en concluons que le chiffre 4 n'est pas trop fort. Si dans la crainte que 4 eût été trop fort, nous avions essayé le chiffre 3, nous aurions reconnu que ce chiffre eût été trop faible, car le reste trouvé eût été supérieur au double de 33, augmenté de l'unité.

Si nous revenons au nombre primitif 116964, nous sommes sûrs que l'ensemble des dizaines de la racine de ce nombre est 34, et qu'après avoir retranché du nombre le carré des dizaines, le reste est 1364.

Pour obtenir le chiffre des unités de la racine du nombre 116964, nous reprendrions le raisonnement qui vient d'être fait, et en divisant les 136 dizaines du reste par le double des dizaines 68, nous aurions le chiffre cherché. Nous essaierions ce chiffre de la même manière, en le plaçant à la droite de 68 et multipliant par 2 l'ensemble 682. Nous reconnaissons ainsi que le chiffre 2 n'est pas trop fort, et que, de plus, le nombre 116964 est le carré exact de 342.

Remarque. — Si au nombre 116964 nous ajoutions un autre nombre moindre que $2.342 + 1$, le nombre 400, par exemple; la somme $116964 + 400$ ou 117364 aurait une racine carrée comprise entre 342 et 343, et par suite, il n'existerait aucun nombre entier qui, multiplié par lui-même, reproduisît le nombre proposé.

Il y a plus: si un nombre n'a pas de racine entière exacte, il n'aura pas non plus de racine exacte fractionnaire. Supposons en effet qu'un nombre fractionnaire irréductible $\frac{a}{b}$ puisse être la racine carrée d'un nombre A qui n'a pas de racine exacte entière, on aurait : $\frac{a^2}{b^2} = A$. Or, $\frac{a^2}{b^2}$ étant un nombre fractionnaire irréductible, si la dernière égalité pouvait avoir lieu, un nombre entier A serait égal à un nombre fractionnaire $\frac{a^2}{b^2}$.

On appelle *commensurables* ou *rationnels* les nombres qui ont une commune mesure avec l'unité; et puisque, en divisant l'unité en parties égales aussi petites qu'on le voudra, un nombre quelconque de ces parties ne pourra jamais reproduire la racine carrée d'un nombre entier qui n'a pas de racine entière exacte, il en résulte que les racines carrées de ces nombres sont *incommensurables* ou *irrationnelles*, c'est-à-dire qu'elles n'ont pas de commune mesure avec l'unité.

Bien que les quantités incommensurables n'existent pas

numériquement, il ne faudrait pas en conclure que ces quantités n'existent pas dans le sens absolu du mot. Car ce serait comme si on disait, par exemple, que le côté d'un carré inscrit dans un cercle de rayon 1 n'existe pas. Il y a plus : si dans ce même cas, on changeait d'unité de longueur, le même côté du carré pourrait être représenté par tel nombre entier qu'on voudrait.

Si on voulait évaluer exactement une quantité incommensurable $\sqrt{A}$, il faudrait donc changer d'unité. Mais si on ne veut pas faire ce changement, on peut resserrer $\sqrt{A}$ entre deux grandeurs commensurables, qui diffèrent aussi peu que l'on voudra. C'est ce qu'on appellera trouver la racine carrée par approximation.

Ainsi, par exemple, si $\sqrt{A}$ était resserrée entre $\frac{151}{17}$ et $\frac{152}{17}$, l'un de ces nombres représenterait $\sqrt{A}$ avec une erreur moindre que $\frac{1}{17}$, c'est-à-dire à $\frac{1}{17}$ près.

On appelle *cube* ou troisième puissance d'un nombre, le résultat qu'on obtient en multipliant ce nombre successivement deux fois par lui-même; et, *racine cubique* d'un nombre, un deuxième nombre qui, élevé au cube, reproduit le nombre proposé.

Occupons-nous d'abord de la formation des cubes.

Le cube d'un nombre entier s'obtiendra immédiatement, d'après la théorie de la multiplication.

On trouve ainsi que les cubes des 10 premiers nombres sont respectivement :

1	2	3	4	5	6	7	8	9	10
1	8	27	64	125	216	343	512	729	1000

Le cube d'une fraction s'obtiendra en divisant le cube du numérateur par le cube du dénominateur.

Car $(\frac{4}{9})^3 = \frac{4}{9} \cdot \frac{4}{9} \cdot \frac{4}{9} = \frac{4 \times 4 \times 4}{9 \times 9 \times 9}$ ou enfin $(\frac{4}{9})^3 = \frac{4^3}{9^3}$.

Le cube d'un produit de plusieurs facteurs s'obtiendra, en élevant successivement chacun des facteurs au cube.

Car $(4.9)^3 = 4.9 \times 4.9 \times 4.9$ ou bien en intervertissant les facteurs $(4.9)^3 = 4.4.4.9.9.9 = 4^3.9^3$ ce qui démontre le principe énoncé.

Passons maintenant à la loi de formation du cube d'un nombre composé de deux parties, $9+4$ par exemple.

Nous aurons : $(9+4)^3 = (9+4)^2.(9+4)$.

Or, nous avons : $(9+4)^2 = 9^2 + 2 \times 9.4 + 4^2$.

Donc $(9+4)^3 = (9^2 + 2 \times 9.4 + 4^2)(9+4)$,

ou $(9+4)^3 = 9^3 + 2.9^2.4 + 4^2.9 + 9^2.4 + 2.9.4^2 + 4^3$.

Si nous observons que les quantités $9^2.4$ et $4^2.9$ sont répétées chacune 3 fois dans le deuxième membre, nous aurons enfin :

$$(9+4)^3 = 9^3 + 3.9^2.4 + 3.9.4^2 + 4^3.$$

C'est-à-dire que le cube d'un nombre formé de deux parties se compose : 1° du cube de la première partie ; 2° du triple produit du carré de la première partie par la deuxième ; 3° du triple produit du carré de la deuxième par la première ; 4° enfin du cube de la deuxième partie.

Si nous appliquons cette loi de composition du cube à la recherche du cube de la somme $a+1$, nous aurons :

$$(a+1)^3 = a^3 + 3a^2 + 3a + 1.$$

Si nous retranchons respectivement a^3 de ces deux quantités égales, les restes seront encore égaux. Donc :

$$(a+1)^3 - a^3 = 3a^2 + 3a + 1.$$

C'est-à-dire que la différence des cubes de deux nombres entiers consécutifs est égale au triple carré du plus petit nombre, plus le triple de ce même petit nombre, plus l'unité.

Il résulte de là que si on prend au hasard un nombre entier, il ne sera pas généralement le cube d'un deuxième nombre entier; car, si on considère, par exemple, les nombres entiers consécutifs 100 et 101, la différence de leurs cubes serait de 30301, et cette différence deviendrait de plus en plus grande, à mesure que les nombres entiers consécutifs augmenteraient eux-mêmes.

Si nous passons maintenant au problème de l'extraction de la racine cubique d'un nombre entier, nous ne pourrons pas toujours la trouver exactement; mais nous pourrons trouver les deux nombres entiers consécutifs, entre lesquels est comprise cette racine, et c'est ce que nous appellerons *Extraire la racine cubique à une unité près*. Nous nommerons aussi *reste de la racine* ce qu'il faudrait ajouter au cube du plus petit des nombres qui la comprennent, pour reproduire le nombre proposé.

Soit à extraire la racine cubique de 90834616. La racine cubique sera plus grande que 10, et le nombre proposé est formé du cube des dizaines, du triple produit du carré des dizaines par les unités, du triple produit des dizaines par le carré des unités, et du cube des unités.

90.8 34.6 16	449	
26 8.34		
5 6 50 6.16	4800	4800
3 17 7 67	600	480
	25	16
	5425	5296
		16
		580800
		11880
		81
		592764

Remarquons que le cube de 2 dizaines est égal à

2.10.2.10.2.10 ou à 2^3.1000, et qu'en général le cube d'un certain nombre de dizaines donne des mille. D'après cela, le cube des dizaines ne peut se trouver que dans les 90834 mille du nombre proposé. Si nous appelons a la racine du plus grand cube parfait contenu dans 90834, le cube de a dizaines ne donne pas plus de 90834 mille ; donc le nombre proposé surpasse le cube de a dizaines. Le cube de $a + 1$ surpasse 90834, d'où il résulte que le nombre proposé est moindre que le cube de $a + 1$ dizaines.

Ainsi, nous sommes ramenés à extraire la racine cubique de 90834, considéré comme exprimant des unités. Nous reprendrions le même raisonnement et nous serions conduits à extraire la racine du plus grand cube parfait contenu dans les 90 mille du nouveau nombre.

La racine du plus grand cube parfait contenu dans 90 est 4 ; la racine du plus grand cube parfait contenu dans 90834 renferme donc 4 dizaines, dont le cube, soustrait de 90834, donne pour reste 26834. Or, le triple produit du carré des dizaines par les unités donne un certain nombre de centaines, et le triple produit du carré des 4 dizaines par les unités égale le produit de 48, triple carré des 4 dizaines par les unités ; mais ce produit n'est pas nécessairement le plus grand multiple de 48 contenu dans 268.

En divisant 268 par 48, on trouve pour quotient 5. Pour savoir si 5 est bien le chiffre des unités de la racine de 90834, on écrit au-dessous de 4800, le triple produit de 40 par 5, qui est 600, et le carré de 5, qui est 25 ; la somme 5425, multipliée par 5, vaudra le triple produit du carré de 40 par 5 ; le triple produit de 40 par le carré de 5, qui est 25, la somme 5425 multipliée par 5, donne un produit qui ne peut être soustrait de 26834.

Mais, si l'on essaie le chiffre 4, on trouvera une somme 5296 qui, multipliée par 4 et soustraite de 26834, donne pour reste 5650.

Le cube de 44 dizaines, soustrait de 90834616, donne

donc pour reste 5650616. Je triple le carré de 44 en ajoutant 512 à 5296, ce qui donne 5808 ; en divisant 56506
par 5808, on trouve pour quotient 9. On écrit au-dessous
de 580800, le triple produit de 440 par 9, qui est 11880,
et le carré de 9, qui est 81 ; la somme 592761, multipliée
par 9, peut être retranchée de 5650616, et la racine du
plus grand cube parfait contenu dans 90834616 est 449.

On remarquera que la somme de 512 et de 5296 s'obtient
en écrivant 16 au-dessous de 5296, et additionnant les 4
nombres 480, 16, 5296 et 16.

Donc, *pour extraire la racine cubique d'un nombre entier, on
le partage en tranches de trois chiffres à partir de la droite ;
on extrait la racine du plus grand cube parfait contenu dans la
première tranche à gauche. On soustrait ce plus grand cube de
la première tranche, on abaisse la tranche suivante, et on divise
les centaines du nombre ainsi formé par le triple carré du
chiffre déjà obtenu. Pour essayer le quotient, on met deux zéros
à la droite du nombre qui a servi de diviseur, au-dessous on
écrit le triple produit du premier chiffre par celui qu'on essaie
en mettant un zéro à droite, et au-dessous encore, le carré du
chiffre essayé ; la somme des trois nombres, multipliée par le
chiffre essayé, doit pouvoir être soustraite du nombre obtenu en
abaissant la deuxième tranche. A la droite du reste on abaisse
la tranche suivante, et on divise les centaines du nombre ainsi
formé par le triple carré du nombre actuellement à la racine,
diviseur que l'on forme en ajoutant au nombre qui a servi de
multiplicande, les deux nombres qui se trouvent au-dessus, et
en outre le carré du dernier chiffre obtenu. On continue de cette
manière jusqu'à ce qu'on ait abaissé toutes les tranches.*

Il est peut-être plus court, quand on veut essayer un
chiffre, de faire le cube de la racine trouvée.

VINGT-CINQUIÈME LEÇON.

RACINES APPROCHÉES.

Nous avons déjà dit dans la précédente leçon que le carré d'une fraction s'obtient en élevant au carré ses deux termes. Si l'on veut obtenir une puissance quelconque d'une fraction, il suffira d'élever ses deux termes à cette puissance.

Réciproquement, pour extraire la racine carrée ou cubique d'une fraction, et plus généralement pour extraire une racine d'un ordre quelconque d'une fraction donnée, il faut extraire la racine du même ordre de chacun de ses termes, si ces termes sont des puissances exactes de l'ordre désigné.

Nous avons déjà montré que lorsque la racine carrée d'un entier ne peut s'obtenir exactement en nombres entiers, elle ne pouvait s'obtenir en nombres fractionnaires et qu'elle était incommensurable ; nous prouverons aussi que la racine carrée d'une fraction est incommensurable si cette fraction, supposée irréductible, n'a pas ses deux termes carrés parfaits.

Car si la fraction irréductible $\frac{5}{7}$, dont les deux termes ne sont pas carrés, a pour racine carrée la fraction $\frac{5}{11}$, le carré de cette dernière reproduira la première fraction et l'on aurait $\frac{5 \times 5}{11 \times 11} = \frac{5}{7}$ ou $\frac{55}{49}$, en multipliant les deux termes de $\frac{5}{7}$ par le dénominateur. Alors si on réduit les deux fractions au même dénominateur, les numérateurs seront égaux et l'on aura $9 \times 49 = 121 \times 35$. Le premier membre étant carré, le second membre doit l'être. Il faudrait donc que le produit 35 fût un carré parfait, ce qui ne peut être, puisque 5 et 7 sont premiers entre eux et que ni l'un ni l'autre ne sont des carrés.

Nous déduirons de ce qui précède les conditions néces-
saires pour que la racine carrée d'une fraction décimale soit
commensurable.

Soit une fraction irréductible $\frac{a}{b}$ dont le carré $\frac{a^2}{b^2}$ puisse
être exprimé en décimales. Le dénominateur b^2 ne doit con-
tenir aucun facteur premier autre que 2 ou 5; il en est
donc de même de b; et comme on passe de b à b^2 en doublant les exposants de tous les facteurs premiers de b, il
s'ensuit que la fraction décimale équivalente à $\frac{a^2}{b^2}$ aura un
nombre pair de chiffres décimaux, et que le nombre résultant de la suppression de la virgule sera un carré parfait.

Ainsi la racine carrée d'un nombre décimal n'est exacte
que lorsque le nombre des chiffres décimaux étant pair, le
nombre résultant de la suppression de la virgule est un carré
parfait.

Extraire la racine carrée d'un nombre qui n'est pas carré
parfait à une unité près d'un ordre décimal donné, c'est,
comme nous l'avons déjà dit, trouver deux nombres différant de l'unité décimale désignée et comprenant entre eux
la racine carrée du nombre donné. Nous allons donner la
solution de ce problème :

1° Dans le cas où le nombre donné est un entier ;

2° Dans le cas où le nombre donné est une fraction ou un
nombre fractionnaire.

1° Soit N, un nombre entier dont on veut avoir la racine
carrée à 0,001 près ; multiplions le nombre N par l'unité
suivie du double de zéros qu'il y en a au dénominateur de
la fraction décimale d'approximation. Dans le cas actuel c'est
multiplier N par 1000^2, et soit A la racine carrée, à une
unité près, du nombre ainsi obtenu. $N \times 1000^2$ sera donc
compris entre A^2 et $(A + 1)^2$ et $\sqrt{N} \times 1000$ sera compris
entre A et A $+ 1$, et par suite $\sqrt{N}$ sera compris entre
$\frac{A}{1000}$ et $\frac{A + 1}{1000}$, c'est-à-dire entre deux nombres qui ne diffèrent

que de 0,001. L'un de ces nombres sera donc la valeur demandée à moins de 0,001. Pour l'un l'erreur sera par défaut, pour l'autre elle sera par excès.

2° Soit $\frac{M}{N}$ une fraction ou un nombre fractionnaire dont on demande la racine carrée à moins de 0,001. Multiplions la fraction $\frac{M}{N}$ par 1000^2 et extrayons les entiers de la fraction $\frac{M \times 1000^2}{N}$; nous aurons alors un entier E suivi d'une fraction proprement dite $\frac{a}{b}$. Extrayons la racine carrée de E à une unité près, et soit A cette racine carrée. Il en résulte que E sera compris entre A^2 et $(A+1)^2$ et qu'à plus forte raison $E + \frac{a}{b}$ est plus grand que A^2; mais moindre que $(A+1)^2$; car la différence entre E et $(A+1)^2$ est au moins une unité; et puisque $\frac{M}{N} \times 1000^2$ est compris entre A^2 et $(A+1)^2$, $1000 \times \sqrt{\frac{M}{N}}$ est compris entre A et $A+1$, et $\sqrt{\frac{M}{N}}$ sera compris entre $\frac{A}{1000}$ et $\frac{A+1}{1000}$. On aura donc la valeur cherchée par défaut ou par excès, en prenant pour valeurs de $\sqrt{\frac{M}{N}}$ la première ou la seconde valeur. Donc on peut poser ces deux règles générales :

Pour extraire la racine carrée d'un entier à une unité près d'un ordre décimal donné, il suffit d'écrire à sa droite deux fois autant de zéros qu'on demande de chiffres décimaux à la racine, d'extraire la racine à une unité près du nombre ainsi obtenu, puis de séparer sur la droite de cette racine autant de chiffres décimaux que l'indique l'approximation.

Pour extraire la racine carrée d'une fraction donnée à une unité près d'un ordre décimal aussi donné, il faut écrire à la droite du numérateur deux fois autant de zéros qu'on demande de chiffres décimaux, et calculer, à une unité près, le quotient du nouveau numérateur par le dénominateur, extraire à une unité près la racine carrée de ce quotient et séparer sur la droite

de cette racine autant de chiffres décimaux que l'indique la frac-
tion d'approximation.

On simplifiera le calcul en convertissant la fraction donnée en décimales et s'arrêtant lorsque le développement aura le double de chiffres décimaux que l'indique l'approximation. Il suffira de supprimer la virgule et d'extraire à une unité près la racine carrée du nombre qui en résulte, et, en dernier lieu, de séparer sur la droite de la racine autant de chiffres décimaux que l'indique l'approximation.

Si la fraction dont on cherche la racine carrée est décimale, il peut arriver qu'elle contienne plus de chiffres décimaux que le double de l'approximation demandée. Il suffira alors de négliger dans cette fraction les chiffres décimaux qui y sont de trop.

Ainsi, pour obtenir à un dixième près la racine carrée de 10,245, il suffira d'extraire à une unité près la racine carrée de 1024 et de diviser cette racine par 10. Ainsi la racine carrée de 10,245, à un dixième près, est 3,2.

Puisque l'erreur relative d'un produit de facteurs approchés est la somme des erreurs relatives des facteurs, un carré étant le produit de deux facteurs égaux, l'erreur relative du carré d'un nombre est le double de l'erreur relative de ce nombre, et l'erreur relative de la racine carrée d'un nombre est la moitié de l'erreur relative du carré.

A l'aide de ce principe, il nous sera facile de conclure que la racine carrée d'un nombre a toujours au moins autant de chiffres exacts que le nombre lui-même moins un.

Les raisonnements précédents nous conduiraient à des résultats analogues pour la racine cubique approchée à une unité décimale donnée.

VINGT-SIXIÈME LEÇON.

RAPPORTS.

On appelle *rapport* d'une grandeur concrète à une autre de même espèce, le nombre qui exprime la valeur de la première, mesurée en prenant la seconde pour unité.

C'est ainsi que le rapport de l'ancienne toise au mètre est $1,949036$, parce qu'une toise vaut $1^m,949036$.

Par exemple, si la première grandeur contient trois fois exactement la seconde, le rapport de la première grandeur à la seconde est le nombre entier 3.

Lorsque deux grandeurs concrètes de même espèce ont été mesurées au moyen d'une même unité, le rapport de la première à la seconde est égal au quotient du nombre qui exprimera la valeur de la première, par celui qui exprime la valeur de la seconde.

En effet, supposons que le rapport de la première grandeur à la seconde soit un nombre entier 3. Cela signifie que la première grandeur contient 3 fois la seconde, et, par conséquent, quelle que soit l'unité à l'aide de laquelle on les mesure l'une et l'autre, on doit trouver pour valeur de la première un nombre 3 fois plus grand que celui qui exprime la valeur de la seconde; donc le premier nombre divisé par le second donnera pour quotient 3.

Si maintenant nous supposons que le rapport de la première grandeur à la seconde soit une fraction $\frac{14}{15}$, cela signifie que la première grandeur contient 14 fois la 15e partie de la seconde, et, par conséquent, quelle que soit l'unité à l'aide de laquelle on les mesure, on doit trouver pour valeur de la première un nombre égal à 14 fois la 15e partie de celui qui exprime la valeur de la seconde ; donc le premier nombre est égal au second multiplié par $\frac{14}{13}$, et le premier nombre divisé par le second donnera pour quotient $\frac{14}{13}$.

Il résulte de là que la manière la plus simple de trouver le rapport de deux grandeurs de même espèce, sera de chercher une commune mesure entre ces deux grandeurs, c'est-à-dire une grandeur de leur espèce, qui soit contenue exactement dans l'une et dans l'autre.

Le rapport de l'une des grandeurs à l'autre sera exprimé par une fraction qui aura pour numérateur le nombre entier de fois que la commune mesure est contenue dans la première grandeur, et pour dénominateur le nombre entier de fois que cette commune mesure sera contenue dans la seconde grandeur.

Si l'unité adoptée pour la mesure des deux grandeurs n'est pas une commune mesure à ces deux grandeurs, leur rapport s'obtiendra en divisant l'un par l'autre deux nombres dont l'un au moins sera fractionnaire, ce qui rendra moins simple l'expression du rapport, quoiqu'en définitive, le quotient d'un nombre fractionnaire par un autre puisse toujours se ramener au quotient de deux nombres entiers. Ainsi, par exemple, si on a à diviser $3\frac{1}{4}$ par $5\frac{1}{9}$, cela revient à diviser $\frac{13}{4}$ par $\frac{46}{9}$, ou 13×9 par 4×46.

Il résulte de là que les trois mots *quotient, fraction* et *rapport* peuvent être considérés comme synonymes. Toutefois, si ces expressions peuvent être confondues sans inconvénient, il est bon d'observer cependant que les deux termes d'un quotient ou d'une fraction peuvent être indifféremment des nombres *concrets* ou *abstraits*, c'est-à-dire des nombres accompagnés ou non du nom d'une espèce d'unité, tandis que les deux termes d'un rapport sont toujours des nombres concrets de même espèce.

Il est aisé de voir que les propriétés fondamentales des fractions ordinaires s'étendent aux rapports en général.

Ainsi, si l'on multiplie le numérateur d'un rapport par un nombre quelconque entier ou fractionnaire, la valeur du rapport est multipliée par le même nombre; si l'on multiplie le dénominateur par un nombre quelconque, entier ou fractionnaire, la valeur du rapport est divisée par le même nombre : la valeur d'un rapport ne change pas quand on multiplie ou divise ses deux termes par un même nombre. On effectue le produit de deux rapports en divisant le produit des numérateurs par celui des dénominateurs; on divise un rapport par un autre en multipliant le premier par le second renversé ; on élève un rapport au carré ou au cube en divisant le carré ou le cube du numérateur par celui du dénominateur.

On appelle *rapports inverses*, deux rapports composés des mêmes termes, mais disposés en ordre inverse. Ainsi, les deux rapports $\frac{5}{14}$ et $\frac{14}{5}$, sont inverses l'un de l'autre.

Quand on connaît le rapport d'une grandeur à une autre de la même espèce, le rapport de la seconde grandeur à la première est inverse du premier. En effet, pour trouver le rapport de deux grandeurs de même espèce, il faut, après les avoir évaluées en les rapportant à la même unité, diviser le nombre qui représente la première, par celui qui représente la seconde, et on obtient ainsi le rapport de la première à la seconde; ou bien diviser le nombre qui représente la seconde, par celui qui représente la première, et on obtient ainsi le rapport de la seconde à la première.

Ainsi, si le rapport d'une grandeur à une autre est $\frac{14}{15}$, le rapport de la seconde à la première est $\frac{15}{14}$, ce qui revient à dire que si la première est les $\frac{14}{15}$ de la seconde, la seconde est les $\frac{14}{15}$ de la première. De même encore, si le rapport d'une grandeur à une autre est 3, le rapport de la seconde à la première est $\frac{1}{3}$; en d'autres termes, si la première vaut 3 fois la seconde, la seconde est le tiers de la première.

Supposons qu'une suite de grandeurs concrètes de même

espèce en nombre pair soit telle que le rapport de la première à la seconde, le rapport de la troisième à la quatrième,
celui de la cinquième à la sixième, et ainsi de suite, soient
égaux entre eux ; et admettons, par exemple, que chaque
grandeur prise pour numérateur soit les $\frac{3}{5}$ de celle qui est
prise pour dénominateur ; si on ajoute d'une part les grandeurs qui servent de numérateur et d'autre part celles qui
sont au dénominateur, la première somme sera les $\frac{3}{5}$ de la
seconde ; d'où ce principe :

Dans une suite de rapports égaux, la somme des numéra-
teurs, divisée par la somme des dénominateurs, forment un
rapport égal aux premiers.

Par exemple, si les grandeurs prises pour numérateurs
sont représentées par les nombres 9, 12 et 21, et si celles
qui sont mises au dénominateur sont représentées par les
nombres 15, 20 et 35, les rapports $\frac{9}{15}$, $\frac{12}{20}$ et $\frac{21}{35}$ étant égaux
chacun à $\frac{3}{5}$, le rapport de $9+12+21$ à $15+20+35$
est $\frac{42}{70}$ et sera égal à $\frac{3}{5}$, après réductions.

On démontrerait de même que si deux rapports sont
égaux, la différence des numérateurs et celle des dénominateurs forment un rapport égal aux premiers.

On peut remarquer aussi que si deux rapports sont égaux,
il y a entre les numérateurs le même rapport qu'entre les
dénominateurs.

Considérons, par exemple, les deux rapports égaux $\frac{9}{15}$ et
$\frac{12}{20}$; si on multiplie les deux termes de chacun d'eux par le
dénominateur de l'autre, les deux rapports ne changeront pas
de valeur, il y aura égalité entre $\frac{9\times20}{15\times20}$ et entre $\frac{12\times15}{15\times20}$; ces deux
derniers rapports égaux ayant même dénominateur, on en
conclut que les numérateurs, 9×20 et 12×15, doivent
être égaux (propriété qu'on énonce ainsi : *Quand deux rapports*
sont égaux, le produit des termes extrêmes est égal au produit des
termes moyens). Divisons-les l'un et l'autre par un même nombre, savoir le produit 12×20 des deux termes du second
rapport, et les deux quotients $\frac{9\times20}{12\times20}$, $\frac{12\times15}{12\times20}$, seront égaux.

Supprimant le facteur 20 commun aux deux termes du premier, et le facteur 12 commun aux deux termes du second, on trouve $\frac{9}{12}$ et $\frac{15}{20}$ qui sont deux rapports égaux.

VINGT-SEPTIÈME, VINGT-HUITIÈME ET VINGT-NEUVIÈME LEÇONS.

RÈGLE DE TROIS.

On dit que deux grandeurs varient dans le même rapport, ou que deux grandeurs sont proportionnelles, quand l'une devenant un certain nombre de fois plus grande ou plus petite, l'autre devient nécessairement ce nombre de fois plus grande ou plus petite.

Par exemple, le prix d'une marchandise qui se pèse varie dans le même rapport que le poids de cette marchandise, ou est proportionnel au poids de cette marchandise, parce que si le poids de la marchandise devient 2, 3, 4 fois plus grand, on la paiera 2, 3, 4 fois plus cher.

Soient a et a' deux valeurs différentes d'une même grandeur, b et b' les deux valeurs correspondantes d'une seconde grandeur, que l'on suppose proportionnelle à la première, dans le sens que nous venons de définir. Si le rapport $\frac{a'}{a}$ est égal à un nombre entier, 4 par exemple, c'est que la première grandeur, en passant de la valeur a à la valeur a', devient quatre fois plus grande; donc, d'après l'hypothèse, la seconde grandeur, en passant de la valeur b qui correspond à a, à la valeur b' qui correspond à a', devient aussi quatre fois plus grande, de sorte que le rapport $\frac{b'}{b}$ est aussi égal à 4; ainsi les deux rapports $\frac{a'}{a}$ et $\frac{b'}{b}$ sont égaux.

Ils le seraient encore, si le rapport $\frac{a'}{a}$ avait une valeur fractionnaire telle que $\frac{9}{2}$; en effet, pour que le rapport $\frac{a'}{a}$ ait pour valeur $\frac{9}{2}$, il faut que a' vaille 9 fois la moitié de a; la première grandeur, en passant de la valeur a à la valeur a', devient donc 2 fois plus petite, et le résultat devient ensuite 9 fois plus grand. Mais alors, d'après l'hypothèse, la seconde grandeur devient aussi 2 fois plus petite, et le résultat est ensuite rendu 9 fois plus grand, c'est-à-dire que b' équivaut à 9 fois la moitié de b, donc le rapport $\frac{b'}{b}$ est aussi égal à $\frac{9}{2}$.

Donc, lorsque deux grandeurs sont proportionnelles, si l'on considère successivement deux valeurs différentes de l'une d'elles, et les deux valeurs correspondantes de l'autre, il doit y avoir le même rapport entre les deux valeurs de la première grandeur, qu'entre les deux valeurs de la seconde, et c'est là ce qui fait dire que ces deux grandeurs varient dans le même rapport.

On dit que deux grandeurs varient dans un rapport inverse, ou que deux grandeurs sont inversement proportionnelles, quand l'une devenant un certain nombre de fois plus grande ou plus petite, l'autre devient nécessairement ce nombre de fois plus petite ou plus grande.

Par exemple, le nombre des jours qu'il faut à des ouvriers pour faire un certain ouvrage, et le nombre d'heures qu'ils y travaillent chaque jour, varient dans un rapport inverse, parce que si le nombre de jours devient 2, 3, 4 fois plus grand, les ouvriers travailleront 2, 3, 4 fois moins d'heures chaque jour.

Soient a et a' deux valeurs différentes d'une même grandeur, b et b' les deux valeurs correspondantes d'une seconde grandeur que l'on suppose inversement proportionnelle à la première, dans le sens que nous venons de définir. Si le rapport $\frac{a'}{a}$ est égal à un nombre entier, 4 par exemple, c'est que la première grandeur, en passant de la valeur a à la valeur a', devient 4 fois plus grande; donc, d'après l'hypothèse, la seconde grandeur, en passant de la valeur b qui correspond à a, à la valeur b' qui correspond à a', devient au contraire 4 fois plus petite, de sorte que le rapport $\frac{b'}{b}$ est égal à $\frac{1}{4}$; ainsi les deux rapports $\frac{a'}{a}$ et $\frac{b'}{b}$ sont inverses.

Ils le seraient encore, si le rapport $\frac{a'}{a}$ avait une valeur fractionnaire telle que $\frac{9}{2}$; en effet, pour que le rapport $\frac{a'}{a}$ ait pour valeur $\frac{9}{2}$, il faut que a' vaille 9 fois la moitié de a. La première grandeur, en passant de la valeur a à la valeur a', devient donc 2 fois plus petite, et le résultat devient ensuite 9 fois plus grand. Mais alors, d'après l'hypothèse, la seconde grandeur devient au contraire 2 fois plus grande, et ensuite le résultat est rendu 2 fois plus petit, c'est-à-dire que b' équivaut à 2 fois la neuvième partie de b; donc le rapport $\frac{b'}{b}$ est égal à $\frac{2}{9}$.

Donc, lorsque deux grandeurs sont inversement proportionnelles, si l'on considère successivement deux valeurs différentes de l'une d'elles, et les deux valeurs correspondantes de l'autre, le rapport qui existe entre les deux valeurs de la première grandeur, doit être inverse de celui qui existe entre les deux valeurs de la seconde, et c'est là ce qui fait dire que ces deux valeurs varient dans un rapport inverse.

Trouver une 4e proportionnelle à 3 quantités données

dont les 2 premières sont de même nature, c'est trouver une quantité de même espèce que la 3e et telle que le rapport de la 1re à la 2e, soit égal au rapport de la 3e à la 4e cherchée.

Si l'on veut trouver une 4e proportionnelle à 3 quantités représentées par les nombres 3, 14, 15 en nommant x cette quantité, on aura $\frac{3}{14} = \frac{15}{x}$. Réduisant au même dénominateur, les numérateurs seront égaux; ce qui donne :

$$3 \times x = 15 \times 14 \text{ ou } x = \tfrac{15 \times 14}{3} = 70.$$

Une 4e proportionnelle à trois nombres est égale au produit des deux derniers divisé par le premier.

Trouver une moyenne proportionnelle entre deux quantités de même espèce, c'est trouver une quantité telle que le rapport de la première à celle-ci soit égal au rapport de celle-ci à la seconde.

Si l'on veut trouver une moyenne proportionnelle entre 9 et 4, on aura, en la désignant par x, $\frac{9}{x} = \frac{x}{4}$, ou réduisant au même dénominateur et égalant les numérateurs $x^2 = 9 \times 4$, d'où : $x = \sqrt{9 \times 4} = 6$.

Ainsi, la moyenne proportionnelle entre deux quantités est la racine carrée de leur produit.

Un grand nombre de questions peuvent être résolues par une méthode très simple, dite *de réduction à l'unité.* Ces questions sont celles où, connaissant une ou plusieurs grandeurs, ainsi que les valeurs d'une autre quantité, qui varie, soit dans le même rapport, soit dans un rapport inverse, on veut calculer ce que devient cette dernière quantité, pour de nouvelles valeurs attribuées à la première ou aux premières. La méthode de réduction à l'unité consiste à chercher d'abord ce que devient la dernière quantité quand la première ou chacune des premières se réduit à l'unité, et on en déduit ensuite facilement la solution demandée.

Nous allons expliquer cette méthode sur quelques exemples.

PROBLÈME 1. — *34 mètres d'étoffe ont coûté 128ᶠ,65. Combien coûteront 92 mètres de la même étoffe?*

Cette question peut être résolue par la méthode de réduction à l'unité, parce qu'on y connaît la longueur d'une étoffe, 34 mètres, ainsi que le prix de cette étoffe, 128ᶠ,65, quantité qui varie dans le même rapport que la première, et on veut calculer ce que devient le prix de l'étoffe, pour une nouvelle valeur, 92 mètres, attribuée à la longueur de cette étoffe.

Cherchons d'abord ce que deviendrait le prix de l'étoffe, si sa longueur se réduisait à l'unité ou à un mètre.

Puisque 34 mètres ont coûté 128ᶠ,65.

Un mètre coûtera 34 fois moins, ou $\frac{128.65}{34}$,

Et 92 mètres doivent coûter 92 fois plus que un mètre, ou $\frac{128.65 \times 92}{34}$.

Ce qui donne, 384ᶠ,80.

PROBLÈME 2. — *Deux ouvriers qui travaillent 3 heures par jour, ont fait, en 5 jours, 90 mètres d'ouvrage; combien faudra-t-il de jours à 3 ouvriers qui travaillent 7 heures par jour, pour faire 126 mètres du même ouvrage?*

90ᵐ sont faits par 2 ouv., trav. 3ʰ par j., pend. 5 jours.

1ᵐ sera fait par 2 ouv., trav. 3ʰ par j., pend. $\frac{5}{90}$ j. ou $\frac{1}{18}$ j.

126ᵐ seront faits par 2 ouv., trav. 3ʰ par j., pend. $\frac{5}{90} \times 126$.

126ᵐ seront faits par 1 ouv., trav. 3ʰ par j., pend. $\frac{5 \cdot 126 \cdot 2}{90}$.

126ᵐ seront faits par 3 ouv., trav. 3ʰ par j., pend. $\frac{5 \cdot 126 \cdot 2}{90 \cdot 3}$.

126ᵐ seront faits par 3 ouv., trav. 1ʰ par j., pend. $\frac{5 \cdot 126 \cdot 2 \cdot 3}{90 \cdot 3}$.

126ᵐ seront faits par 3 ouv., trav. 7ʰ par j., pend. $\frac{5 \cdot 126 \cdot 2 \cdot 3}{90 \cdot 3 \cdot 7}$.

Simplifiant cette dernière fraction et effectuant les calculs, on trouvera que le nombre de jours nécessaire est 2.

En examinant attentivement la solution des deux problèmes qui précèdent, on reconnaît facilement que la quantité connue, de même espèce que celle que l'on veut calculer, se trouve, dans le résultat final, multipliée par les rapports des autres quantités de même nature qui entrent dans l'énoncé de la question. C'est ainsi que dans le premier problème, la quantité 128^f,65 est multipliée par $\frac{92}{54}$, rapport du second nombre de mètres au premier.

De même, dans le second, la quantité 5 jours est multipliée successivement par $\frac{126}{90}$, rapport des nombres de mètres d'ouvrage, par $\frac{3}{5}$, rapport des nombres d'ouvriers, et par $\frac{5}{7}$, rapport des nombres d'heures employées par jour. Seulement, tandis que l'on a pris les rapports du second nombre de mètres au premier, on a pris les rapports du premier nombre d'ouvriers au second et du premier nombre d'heures au second.

Il en est ainsi de toutes les questions du même genre, et la quantité qui, parmi les données, est de la nature de celle qu'on cherche, doit être multipliée successivement par une suite de rapports abstraits entre les autres quantités de même nature. Ces rapports ont pour numérateur la valeur nouvelle de l'une de ces quantités, et pour dénominateur l'ancienne valeur, quand il s'agit d'une quantité qui varie dans le même rapport que l'inconnue, et au contraire ils ont pour numérateur la valeur ancienne, et pour dénominateur la valeur nouvelle, quand il s'agit d'une quantité qui varie dans un rapport inverse.

En effet, si nous appelons d'une manière générale a la valeur ancienne d'une quantité, b la valeur correspondante d'une autre quantité qui varie dans le même rapport, a' la valeur nouvelle de la première quantité, et x la valeur correspondante de la seconde, on doit avoir $\frac{a}{a'} = \frac{b}{x}$, et x

étant ainsi une quatrième proportionnelle aux trois quantités a, a' et b, on doit avoir $x = \dfrac{b \times a'}{a} = b \times \dfrac{a'}{a}$.

Si les lettres a, b, a' et x ont toujours la même signification, mais que les deux quantités varient dans un rapport inverse, on doit avoir $\dfrac{a'}{a} = \dfrac{b}{x}$, d'où $x = \dfrac{b \times a}{a'} = b \times \dfrac{a}{a'}$.

D'après cela, dans toutes les questions susceptibles d'être résolues par la méthode de réduction à l'unité, on pourra écrire immédiatement la solution demandée, en indiquant au moyen des signes de la multiplication et de la division, que la quantité qui, parmi les données, est de la nature de celle qu'on cherche, doit être multipliée successivement par une suite de rapports abstraits dont les numérateurs et les dénominateurs se distingueront suivant qu'il s'agira de quantités variant dans le même rapport que l'inconnue, ou dans un rapport inverse, et on effectuera ensuite les opérations indiquées.

Je vais appliquer cette règle à de nouveaux exemples.

PROBLÈME 3. — *On veut échanger 82 mètres d'une étoffe qui vaut 8 francs le mètre, contre une autre étoffe qui vaut 6 francs le mètre. Quelle quantité de cette seconde étoffe doit-on recevoir en échange?*

La quantité de l'étoffe qu'on doit recevoir varie dans un rapport inverse du prix. En conséquence, il faut multiplier la quantité d'étoffe connue, 82 mètres, par le rapport $\frac{8}{6}$, entre le prix primitif du mètre, et son prix nouveau, et on trouvera pour réponse au problème, 109^m,33.

PROBLÈME 4. — *Une locomotive, qui fait 33 kilomètres à l'heure, a employé 9 heures pour parcourir une certaine distance. Combien de temps emploierait la locomotive pour franchir la même distance, si elle faisait 10 kilomètres à l'heure?*

Le temps employé à franchir une certaine distance varie dans un rapport inverse du nombre de kilomètres que la locomotive parcourt dans une heure. En conséquence, il faut multiplier le temps connu, 9 heures, par le rapport $\frac{33}{10}$, entre le premier nombre de kilomètres et le second, ce qui donne $29^h,7$. Mais les divisions de l'heure ne sont pas décimales, et l'heure se divise en 60 minutes, donc les 0,7 d'une heure équivalent aux 0,7 de 60 minutes, ou à $60^m \times 0,7$, ce qui donne 42 minutes, et on trouve ainsi que le temps demandé est 29 heures 42 minutes.

Je saisirai l'occasion que m'offre la solution de ce problème pour faire remarquer que, parmi les espèces de grandeurs les plus usuelles, le temps est la seule dont nous n'ayons pas parlé en exposant le système des mesures légales. La raison en est que les unités employées dans la mesure du temps, bien que prises dans la nature, n'ont aucune liaison avec les autres, et que les rapports qui existent entre elles, n'étant pas représentés par des puissances de dix, les nombres qui expriment des divisions de l'une de ces mesures ne peuvent pas être écrits et calculés comme des nombres décimaux. Mais comme le calcul des nombres décimaux est plus simple que celui des autres nombres fractionnaires, quand dans une question on aura à calculer un certain temps rapporté à une unité quelconque et qu'il y aura lieu à évaluer des parties de cette unité, on les calculera en décimales, sauf à réduire ultérieurement cette fraction décimale en divisions de l'unité adoptée.

TRENTIÈME ET TRENTE-UNIÈME LEÇONS.

RÈGLES D'INTÉRÊT.

Lorsqu'une somme est prêtée il est juste que celui qui consent à s'en priver pendant un certain temps reçoive en échange une certaine indemnité que l'on nomme *intérêt*, indemnité d'autant plus élevée que le temps aura été plus ou moins long et la somme plus ou moins forte.

L'intérêt se fixe sur une somme conventionnelle de 100 francs supposée prêtée pendant un an. Si l'on détermine, par exemple, qu'une somme de 100 francs prêtée pour un an, rapportera une somme de 3 francs, on dit alors que 3 est le taux de l'intérêt. Ainsi le taux sera toujours ce que rapportent 100 francs en un an. Le taux légal est 5 francs et le taux le plus usité dans le commerce est 6.

La somme prêtée prend le nom de *capital*.

Le plus souvent on retire les intérêts d'une somme placée pendant un temps assez long, au bout de chaque année, et l'on dit alors que les intérêts sont *simples*, tandis que, si l'on suppose que l'on laisse chaque année les intérêts entre les mains du prêteur pour porter intérêt l'année suivante, les intérêts se capitalisent d'année en année et on dit alors que la somme est placée à *intérêts composés*.

Nous supposerons dans tout ce qui va suivre que l'intérêt est simple.

Dans toute question d'intérêts il y a quatre choses à distinguer :

1º Le capital prêté ;

2º Le temps pendant lequel on l'a prêté ;

3º Le taux conventionnel ;

4º L'intérêt rapporté par le capital.

Trois de ces choses étant connues, trouver la quatrième, tel est le but de tout problème d'intérêts. On voit, par suite, qu'il y en aura quatre.

PROBLÈME 1. — *Quels sont les intérêts produits par un capital de 480000 francs placés pendant 13 mois au taux de 6 pour cent ?*

D'après la définition du taux, 100 francs placés pendant un an donnent 6 francs.

Donc, une somme 100 fois moindre, au même taux, donnera un intérêt 100 fois plus petit.

Donc, 1 franc, pendant un an, donnera un intérêt de 0,06, ou $\frac{6}{100}$.

Mais l'intérêt pendant un an est 12 fois plus grand que l'intérêt pendant un mois.

Donc 1 franc pendant un mois donnera un intérêt 12 fois moindre, c'est-à-dire $\frac{6}{12\times100}$.

Dans 43 mois, 1 franc donnera un intérêt 43 fois plus grand, c'est-à-dire $\frac{6\times43}{12\times100}$.

Puisque nous avons ce que rapporte en 43 mois un capital de 1 franc, en le rendant 480000 fois plus grand, nous aurons ce que rapporte le capital 480000 francs.

Donc l'intérêt cherché est $\frac{480000\times6\times43}{12\times100}$, ce qui, réductions faites, revient à 103200 francs.

Problème 2. — *Quel est le capital qui, placé pendant 27 jours, à 6 pour %, aurait rapporté un intérêt de 54 francs.*

D'après la définition du taux, le capital qui rapporte 6 francs en un an est 100 francs.

Donc le capital qui rapporterait 1 franc en un an serait 6 fois moindre ou $\frac{100}{6}$.

Le capital qui rapporterait 1 franc en 1 jour serait 360 fois plus grand (l'année ne se regardant que comme composée de 360 jours), et par conséquent serait égal à $\frac{360\times100}{6}$, ou, réductions faites, 6000 francs.

Or, si 6000 francs rapportent 1 franc en un jour, un capital 54 fois plus grand, c'est-à-dire 324000 francs, rapportera 54 fois plus, ou 54 francs en un jour.

Par suite, le capital qui rapporterait 54 francs en 27 jours, serait 27 fois moindre ou $\frac{324000}{27}$, égal à 12000 francs

Problème 3. — *A quel taux étaient placés 1500 francs pour avoir rapporté 35 francs en 7 mois?*

D'après la définition du taux, il faut connaître ce que rapporterait en un an le capital 100 francs.

Or, 1500 francs ayant rapporté en 7 mois 35 francs,

Le capital 1 franc, dans le même temps eût rapporté $\frac{35}{1500}$.

Dans un mois le même capital rapporterait $\frac{35}{7\times1500}$ ou $\frac{1}{300}$.

Puisque 1 franc en un mois a rapporté $\frac{1}{300}$,

100 francs rapporteraient $\frac{1}{3}$ en 1 mois.

100 francs en 12 mois rapporteraient $\frac{12}{3}$ ou 4 qui est le taux cherché.

PROBLÈME 4. — *Pendant combien de temps ont été placés 324 francs pour avoir, à 6 pour %, rapporté* 1^f,08. ?

D'après la définition du taux, il faut qu'un capital de 100 francs placés à 6 pour %, pour rapporter 6 francs, reste placé pendant un an.

Or, 1 franc, pour rapporter 6 francs, restera placé pendant un temps 100 fois plus grand ou 100 ans.

Mais s'il devait rapporter un capital 6 fois moindre, il devrait rester placé 6 fois moins de temps.

Donc, 1 franc, pour produire 1 franc d'intérêt reste placé pendant un temps $\frac{100}{6}$.

Donc, pour produire 108 fr., ils resteront placés pendant un temps 108 fois plus grand.

Ainsi, 1 fr. resterait placé $\frac{100\times108}{6}$ années pour donner 108 fr., et pour donner 1,08 ils resteraient placés $\frac{100\times1.08}{6}$ ou 18 ans.

Or, 324 fr., pour rapporter le même intérêt, devront être placés pendant un temps 324 fois plus court, soit pendant le temps $\frac{18}{324}$ ou $\frac{1}{18}$ d'année.

Si l'on prend pour unité de temps le jour, on trouve que le temps est 20 jours.

On remarquera d'abord que, lorsque le temps ne change pas, les intérêts sont dans le même rapport que les capitaux et que, lorsque le capital ne change pas, les intérêts sont dans le même rapport que les temps, quel que soit d'ailleurs le taux de l'intérêt. Donc les problèmes d'intérêt sont de véritables règles de trois susceptibles d'être résolues comme il a été indiqué.

De plus, en examinant attentivement la solution du

premier problème, on remarque que, pour trouver l'intérêt d'une somme, il faut multiplier entre eux le capital, le temps et le taux, et diviser le produit par un certain diviseur. Nous allons montrer la généralité de ce résultat, en prenant pour unité de temps la durée du jour, comme c'est l'usage dans le commerce et la banque.

Désignons par A un capital placé par I le taux, et par T le nombre de jours.

D'après la définition du taux, le capital 100 fr., placés au taux I pendant 360 jours, rapportent I.

Donc 100 francs placés pendant 1 jour rapportent $\frac{I}{360}$.

Le capital 1 franc, placé pendant un jour, rapportera $\frac{I}{36000}$.

Le capital A, pendant 1 jour, rapportera $\frac{A \times I}{36000}$. Donc, pendant T jours, le capital A rapportera $\frac{A \times I \times T}{36000}$. Telle est la formule générale qui donne l'intérêt d'une somme pendant un temps donné à un taux donné.

Cette formule deviendra, si le temps est évalué en mois, $\frac{A \times I \times T}{1200}$, et si le temps est évalué en années, elle deviendra $\frac{A \times I \times T}{100}$.

Cette formule peut servir à résoudre, non seulement le premier problème, mais tous les autres.

1° Si l'on connaît l'intérêt, le temps et le taux et qu'on veuille trouver le capital, on observera que l'intérêt multiplié par 36000, donne le produit du temps, du taux et du capital; donc en divisant l'intérêt par le produit du temps par le taux, on aura la 36000e partie du capital;

2° Si l'on connaît l'intérêt, le capital et le temps, on divisera 36000 fois l'intérêt par le produit du capital par le temps et on aura le taux;

3° Si l'on connaît l'intérêt, le capital et le taux, on

divisera 36000 fois l'intérêt par le produit du capital par le taux et on aura le temps.

Cette formule, dans le cas habituel, où le taux est 6 p. %, devient $\frac{A \times T}{6000}$.

Donc, pour avoir les intérêts d'une somme à 6 p. %, il faut multiplier le capital par le temps, diviser le produit d'abord par 6 et séparer sur la droite du résultat 3 chiffres décimaux.

Si l'on voulait avoir les intérêts à un taux quelconque, il serait mieux de calculer de la manière suivante :

Trouver les intérêts de 280000 fr. pendant 27 jours au taux de 8 $\frac{5}{7}$ p. %.

Je calcule les intérêts comme si le taux était 6 par la formule connue.

Les intérêts à 6 p. % pendant 27 jours sont 1260 fr.

idem	à 1 p. %	idem		sont $\frac{1260}{6}$ ou	210.
idem	à 1 p. %	idem		sont	210.
idem	à $\frac{1}{7}$ p. %	idem		sont $\frac{210}{7}$ ou	30.
idem	à $\frac{2}{7}$ p. %	idem		sont $\frac{210}{7} \times 2$ ou	60.

Donc, en faisant la somme, les intérêts demandés seront 1770 fr.

Il est aussi une classe de problèmes d'intérêts dont la formule donne une solution très simple. Supposons qu'on demande :

PROBLÈME 5. — *Quel est le capital qui, accru de ses intérêts au taux de 7 p. 100 par an, aurait donné, au bout de 50 jours, 1817ᶠ 50 ?*

Si le capital était connu on trouverait, en appliquant la formule, que les intérêts sont une fraction du capital marquée par $\frac{50 \times 7}{36000}$ ou $\frac{7}{720}$.

Donc le capital accru de ses $\frac{7}{720}$ ou les $\frac{727}{720}$ du capital, valent 1817,50.

Divisant ce nombre par 727, on aura la 720ᵉ partie du capital, qui est 2,50.

Multipliant 2,50 par 720 on aura le capital, qui est 1800 fr.

On peut vérifier *à posteriori* que les intérêts de 1800 fr. à 7 pour 100 sont bien 17,50 pour 50 jours.

Il est dans le commerce et la banque une autre opération très fréquente que l'on nomme *Escompte*.

Lorsqu'un emprunteur se libère vis-à-vis d'un fournisseur par une promesse de payer à une époque déterminée, il souscrit un billet, et si le fournisseur désire avoir immédiatement de l'argent comptant il présente le billet à un banquier qui lui donne de l'argent moyennant une légère retenue que l'on nomme *escompte*.

L'usage est en France que le banquier retienne les intérêts de la somme énoncée dans le billet pendant le nombre de jours qui sépare l'époque du payement que l'on nomme *échéance* du jour où l'on présente le billet, le taux étant le taux du commerce, soit 6 p. %.

Par conséquent, les calculs relatifs à l'escompte ne sont autres que ceux que nous avons traités dans les problèmes d'intérêts simples.

TRENTE-DEUXIÈME LEÇON.

PARTAGES PROPORTIONNELS. — RÈGLES DE MÉLANGE. — D'ALLIAGE.
MOYENNES ARITHMÉTIQUES.

On dit que des grandeurs, A, B, C, D, *sont proportionnelles aux nombres* 3, 4, 5, 7 *quand le rapport de deux quelconques*

de ces grandeurs est le même que le rapport des nombres correspondants, ou, ce qui revient au même, quand le rapport de
chacune de ces grandeurs au nombre correspondant est
constant.

PROBLÈME 1. — Soit à partager 155 en 3 parties qui soient
proportionnelles aux nombres 3, 7, 21.

SOLUTION 1. — Le rapport de la première partie au nombre
3 est égal au rapport de la seconde au nombre 7, de la
troisième au nombre 21.

Mais quand des rapports sont égaux, la somme des numérateurs, divisée par celle des dénominateurs, donne un
rapport égal à chacun d'eux.

Donc la somme de 3 parties, ou 155 divisé par $3+7+21$
ou 31, indique le rapport de chaque part au nombre
correspondant.

Or, le rapport de 155 à 31 est 5. Donc chaque partie
s'obtiendra en multipliant par 5 le nombre correspondant
ces trois parties, seront 15, 35, 105.

SOLUTION 2. — Si la somme des 3 parties était 31, c'est-
à-dire $3+7+21$, chacune des parties serait 3, 7, 21. Si la
somme des parties était 1, les 3 parties seraient $\frac{3}{31}$, $\frac{7}{31}$, $\frac{21}{31}$;
donc si la somme des parties est 155, chaque partie sera
$\frac{3\times155}{31}$, $\frac{7\times155}{31}$, $\frac{21\times155}{31}$, ce qui donne les résultats précédents.

Il peut arriver que les nombres donnés soient des fractions. Ainsi, l'on propose de partager 4151 en 3 parties
proportionnelles aux nombres $\frac{3}{4}$, $\frac{5}{7}$, $\frac{8}{9}$.

Réduisons les fractions au même dénominateur : cela
reviendra à partager 4151 en 3 parties proportionnelles
aux numérateurs 189, 180, 224; ce problème se résoudra
comme il a été déjà indiqué.

Il n'est pas inutile d'examiner un cas qui peut embarrasser
les commençants. Si l'on proposait cette question : partager
650 en trois parties, dont la 1re soit à la 2e dans le rapport
de 5 à 4, et dont la 1re soit à la 3e dans le rapport de 7 à 3:

On ne pourrait pas appliquer ici la règle précédente sans

une préparation qui consiste à rendre la même, dans chaque rapport donné, la partie proportionnelle de l'une des trois parts cherchées ; par exemple, celle de la première. Cela s'exécute aisément, en multipliant les deux termes de chaque rapport par le premier terme de l'autre rapport ; ainsi les deux rapports $\frac{5}{4}$ et $\frac{7}{5}$, seront ramenés à avoir un même premier terme en multipliant les deux termes du premier par 7, et les deux termes du second par 5, ce qui n'en change pas la valeur et donne les rapports $\frac{35}{28}$ et $\frac{35}{15}$; en sorte que la question se réduit à partager 650 en trois parties qui soient entre elles comme les nombres 35, 28 et 15 ; ce qui se fera aisément par la règle précédente.

Si l'on demandait de partager un nombre en quatre parties, dont la première fût à la seconde dans le rapport de 5 à 4, la première à la troisième dans le rapport de 9 à 5, et la première à la quatrième dans le rapport de 7 à 3 ; on réduirait ces rapports à avoir un même premier terme, en multipliant les deux termes de chacun par le produit des premiers termes des deux autres ; ainsi, dans cet exemple, on changerait ces trois rapports en ces trois autres $\frac{315}{252}$, $\frac{315}{175}$, $\frac{315}{135}$, en sorte que la question se réduit à partager le nombre proposé en quatre parties qui soient entre elles comme les nombres 315, 252, 175 et 135.

On peut aussi donner une valeur arbitraire à l'une des parties.

Soit à résoudre la question suivante :

PROBLÈME 2. — *Distribuer 324 fr. entre 3 personnes, de sorte que la part de la 1re soit les $\frac{4}{5}$ de la part de la seconde, et que la part de la seconde soit les $\frac{7}{9}$ de la part de la troisième.*

Prenons la troisième pour unité, la part de la seconde sera $\frac{7}{9}$ et la part de la première sera $\frac{28}{45}$; partageons 324 en 3 parties proportionnelles à ces trois nombres ; et avant tout réduisons les trois nombres 1, $\frac{7}{9}$, $\frac{28}{45}$ au dénominateur commun 45 et nous aurons à partager 324 en parties proportionnelles aux entiers 45, 35, 28, ce qui se fera d'après le problème précédent.

Il est aussi d'autres questions qui peuvent donner lieu à des partages proportionnels. Ces questions sont connues sous le nom de *règles de société, d'alliage* ou de *mélange.*

La *règle de société* a pour but de partager entre plusieurs associés le bénéfice ou la perte résultant de leur commerce commun.

Elle est simple ou composée, suivant que les mises sont ou ne sont pas placées pendant le même temps.

PROBLÈME 3. — *Les mises de trois associés sont* 300^f, 500^f *et* 700^f; *le gain total est* 4500^f. *Trouver le gain de chaque associé.*

La somme des trois mises étant 1500^f, on dira :

Puisque 1500^f rapportent 4500^f de bénéfice,
1^f rapportera $\frac{4500}{1500}$ ou 3^f.

Les gains relatifs aux mises 300^f, 500^f, 700, sont donc 3^f × 300, 3^f × 500^f, 3^f × 700 ou 900^f, 1500 et 2100^f.

PROBLÈME 4. — *Trois négociants ont à se partager un bénéfice de* 697^f,50 : *le premier a mis dans la société 3000 fr. pendant 12 mois, le second a mis 750 fr. pendant 10 mois, le troisième a mis 500 fr. pendant 6 mois; que revient-il à chacun ?*

Puisque le bénéfice varie dans le même rapport que la mise ou le temps, 3000 fr. en société pendant 12 mois donneront le même bénéfice qu'une somme 12 fois plus grande qui resterait pendant un temps 12 fois plus petit.

Donc 12 × 3000 ou 36000 fr. pendant 1 mois donneront le bénéfice du premier.

Le bénéfice des deux autres sera pareillement le même que 750 × 10, et 500 × 6 pendant un mois.

Donc les parts de chacun d'eux seront proportionnelles

aux nombres 36000, 7500 et 300 ; il ne restera plus qu'à partager 697,50 en trois parties proportionnelles à ces nombres.

Comme on le voit, la règle de société composée se ramène à la règle simple, et celle-ci n'est autre chose que la règle de partages proportionnels.

Règle d'alliage.

Le résultat de la combinaison de plusieurs métaux qu'on a fondus ensemble forme ce qu'on nomme un *alliage;* et une quantité quelconque de métal ou d'alliage s'appelle un *lingot.*

Nous ne considérerons que le poids des métaux sans avoir égard à leurs volumes, et *le poids de l'alliage sera égal à la somme des poids des métaux qui composent cet alliage.*

Lorsqu'un alliage renferme les $\frac{8}{10}$, de son poids en or pur, on dit que cet or est au *titre* de $\frac{8}{10}$, ou simplement à $\frac{8}{10}$.

Ainsi, un lingot d'or au titre de $\frac{8}{10}$, pesant 100 grammes, est un alliage d'or et d'autres matières quelconques qui contient en or pur les $\frac{8}{10}$ de 100^{gr} ou 80 grammes.

Un alliage qui contient les $\frac{7}{10}$ de son poids en or pur, et les $\frac{3}{10}$ en argent, est au titre de $\frac{7}{10}$ par rapport à l'or, et au titre de $\frac{3}{10}$ par rapport à l'argent ; 100 grammes de cet alliage contiennent en or pur les $\frac{7}{10}$ de 100^{gr} ou 70^{gr}, et en argent les $\frac{3}{10}$ de 100^{gr} ou 30 grammes.

En général : *Pour trouver la quantité de métal pur contenue dans un alliage dont le titre est donné par rapport à ce métal, il suffit de multiplier le poids total de l'alliage par son titre, et* réciproquement, *pour obtenir le titre d'un alliage par rapport à un métal, il suffit de diviser le poids de la quantité de ce métal contenue dans l'alliage par le poids total de l'alliage.*

Problème 5. — *On fait fondre ensemble 70 grammes d'or au*

titre de 0,90, avec 30 grammes d'or au titre de 0,80 ; quel est le titre de l'alliage qui en résulte ?

Le produit du nombre des grammes par le titre donnant la quantité d'or pur, on trouve que

70^{gr} à 0,90 contiennent 63^{gr} d'or.
30^{gr} à 0,80 contiennent 24^{gr} d'or.

Les 100^{gr} d'alliage contiennent donc 787^{gr} d'or.

Le titre de l'alliage est donc 0,87.

En général : *Pour trouver le titre de l'alliage qui résulte de la fonte de plusieurs lingots, il suffit de multiplier le poids de chaque lingot par son titre, et de diviser la somme de ces produits par le poids total de l'alliage.*

PROBLÈME 6. — *Dans quelle proportion doit-on allier de l'or au titre de 0,90 avec de l'or au titre de 0,80 pour composer un alliage au titre de 0,87 ?*

L'alliage cherché étant au titre de 0,87, 100 grammes de cet alliage contiennent 87 grammes d'or pur.

100 grammes d'or au titre de 0,90, contiennent 3 grammes d'or fin de trop.

100 grammes d'or au titre de 0,80, contiennent 7 grammes d'or fin de moins ; donc 7 fois 100 grammes d'or, au titre de 0,90, contiendront en trop 7 × 3 grammes d'or pur.

Et 3 fois 100 grammes d'or, au titre de 0,80, contiendront en moins 3 × 7 grammes d'or pur, il y aura donc compensation : d'où on voit qu'il faudra allier ces deux lingots dans le rapport de 7 à 3.

Remarque. — Si l'on voulait obtenir un alliage du poids de 160 grammes, au titre de 0,87, avec les lingots donnés, il ne resterait plus qu'à partager 160 en parties proportionnelles aux nombres 7 et 3.

PROBLÈME 7. — *Combien doit-on ajouter de cuivre à 108^{gr} d'or au titre de $\frac{11}{12}$, pour abaisser le titre à $\frac{9}{10}$?*

Les 108^{gr} à $\frac{11}{12}$ contiennent en or pur 108^{gr} $\times \frac{11}{12}$, ou 99 grammes.

Lorsqu'on aura ajouté la quantité de cuivre convenable, il y aura toujours 99 grammes d'or pur dans l'alliage qui en résultera; et cet alliage devant être au titre de $\frac{9}{10}$, son poids total multiplié par $\frac{9}{10}$, devra donner les 99 grammes d'or qu'il contient. Divisant donc 99^{gr} par $\frac{9}{10}$, le quotient 110 grammes, exprimera le poids total de l'alliage demandé. On doit donc ajouter 110 — 108 ou 2 grammes de cuivre aux 108 grammes d'or au titre de $\frac{11}{12}$.

Et en effet; les 110^{gr} de l'alliage ainsi formé contenant toujours 99^{gr} d'or; le titre sera le quotient de 99 par 110 ou $\frac{9}{10}$.

Règle de mélange.

Toutes les questions relatives aux mélanges peuvent se ramener à celles-ci :

PROBLÈME 8. — *On a mêlé 7 litres de vin à 70 centimes le litre et 3 litres de vin à 120 centimes le litre. Déterminer le prix du litre de ce mélange.*

7 litres à 70 centimes valent 7 fois 70 centimes ou	4,90
3 litres à 120 centimes valent 3 fois 120 cent. ou	3,60
En effectuant l'addition, on trouve que les 10 litres du mélange valent........................	8,50
Le litre du mélange vaut donc...............	0,85

En général : *Pour obtenir le prix d'une unité de mesure d'un mélange quelconque, il suffit de multiplier le prix d'une mesure de chaque espèce par le nombre de ces mesures, et de diviser la somme de ces produits par le nombre total des mesures mélangées.*

Le prix d'une mesure de mélange est toujours compris

entre les prix extrêmes de la même mesure des quantités mélangées, c'est-à-dire entre le prix le plus élevé et le prix le moins élevé d'une même mesure des quantités mélangées.

REMARQUE. — *Le volume total d'un mélange n'est pas toujours égal à la somme des volumes des matières mélangées.*

Par exemple, lorsqu'on mêle des graines de différentes grosseurs, les plus petites se placent dans les intervalles qui séparent les plus grosses graines, et le volume du mélange est par conséquent moindre que la somme des volumes des parties mélangées.

Nous supposerons, dans les questions suivantes, que le volume du mélange est égal à la somme des volumes des quantités mélangées.

PROBLÈME 9. — *Dans quelle proportion doit-on mêler des liquides, de prix différents, pour qu'une partie déterminée du mélange soit d'un prix donné.*

Considérons le cas, où l'on n'a qu'à mélanger deux qualités de vin différentes : du vin à 90 cent. le litre, et du vin à 70 cent., par exemple, pour obtenir un mélange dont le litre ne revienne qu'à 85 cent.

On observera que le litre de vin à 90 cent., vendu à 85 cent., donne 5 cent. de perte, tandis qu'un litre de vin à 70 cent., vendu 85, donne 15 cent. de bénéfice.

Les proportions du mélange devant être telles que la perte compense le gain, il faudra que les quantités de vin à 90 c. et à 70 soient entr'elles dans le rapport de 15 à 5, ou de 3 à 1. Car, 15 litres de vin à 90 cent., vendu 85 cent., procurent une perte de 5×15, et 5 litres de vin à 70 cent., vendu 85 cent., procurent un gain de 15×5.

Si, maintenant, on voulait composer un mélange renfermant 128 litres, il faudrait partager 128 en deux parties qui fussent dans le rapport de 3 à 1; l'on trouverait, en appliquant la méthode expliquée plus haut, 96 et 32.

En effet, 96 litres à 90 cent. coûtent 86,40; 32 litres à 70 cent. coûtent 22,40.

Le prix total est 108,80 qui, divisé par 128, donne pour résultat 0,85.

Il est clair que le problème se résoudrait de la même manière, si l'un des liquides mélangés avait un prix nul.

Ainsi, si l'on veut savoir dans quelle proportion il faut mêler de l'eau et du vin à 60 cent. le litre, pour que le litre du mélange ne revienne plus qu'à 45 cent.

On dira de même : un litre d'eau vendu à 45 centimes, donne un bénéfice de 45 cent.; un litre de vin à 60 cent., vendu à 45 cent., donne une perte de 15.

Le rapport de la quantité d'eau à celle du vin est donc celui de 15 à 45, ou de 1 à 3.

Si on donnait le nombre de litres d'eau ou de vin, comme l'on connaît le rapport du nombre de litres d'eau au nombre de litres de vin, l'on trouverait aisément l'inconnue en cherchant une 4e proportionnelle à 3 nombres.

Si on avait trois liquides à mélanger, on ferait un mélange quelconque avec deux d'entre eux, et il resterait à savoir dans quelle proportion on doit mélanger le liquide restant avec le mélange obtenu.

On s'élèverait de même du cas de trois liquides au cas de quatre liquides, et ainsi de suite.

Règle des moyennes arithmétiques.

Une *moyenne* entre plusieurs quantités est une quantité plus grande que la plus petite et plus petite que la plus grande de ces quantités. Une moyenne est donc complètement indéterminée.

La *moyenne arithmétique* est au contraire une quantité comprise entre la plus petite et la plus grande de certaines quantités données, mais égale au quotient de la somme de toutes ces quantités par le nombre qui exprime leur quotité.

Les moyennes arithmétiques sont d'un usage presque

continuel dans les sciences d'observation et d'expérience, pour atténuer les erreurs inséparables de toute opération matérielle.

Un seul exemple suffira pour expliquer la manière de trouver les moyennes arithmétiques entre plusieurs nombres.

On a trouvé pour la température où l'eau atteint son maximum de densité :

$$3°,39$$
$$3°,89$$
$$4°,37$$
$$3°,91$$
$$3°,52$$
$$4°,44$$
$$\overline{23°,52}$$

La somme est 23°,52 qui, divisée par 6, nombre des observations, donne pour résultat 3°,92. Il y a donc lieu de croire à l'exactitude de ce nombre.

Remarque.—La moyenne arithmétique entre deux quantités est égale à leur demi-somme.

TRENTE-TROISIÈME, TRENTE-QUATRIÈME ET TRENTE-CINQUIÈME LEÇONS.

CALCUL LOGARITHMIQUE.

Les logarithmes des nombres sont d'autres nombres qui permettent de remplacer :

Les, multiplications par des additions ;

Les divisions par des soustractions ;

Les formations de puissances par des multiplications ;

Les extractions des racines par des divisions.

En effet, prenons les tables de Lalande : ces tables comprennent les 10,000 premiers nombres entiers consécutifs, et en regard leurs logarithmes avec cinq décimales.

Les nombres sont disposés dans chaque page en trois colonnes, ayant pour titre *nomb.* : à côté de chacun d'eux se trouvent leurs logarithmes. On voit ainsi que 45 a pour logarithme 1,65321, et que 178 a de même pour logarithme 2,25042. Leur somme 3,90363 est le logarithme de 8010, produit des deux nombres ; en agissant de même à l'égard de deux autres nombres et de leurs logarithmes, on arriverait à un résultat analogue.

Les nombres 7, 23, 34, ont respectivement pour les logarithmes 0,84510, 1,36173, 1,53148. En les ajoutant, on obtient 3,73831, qui ne diffère que d'un cent-millième du logarithme de 5474, produit des trois nombres.

De ces exemples, on peut conclure que :

Le logarithme d'un produit est égal à la somme des logarithmes de ses facteurs.

Cette propriété renferme implicitement les suivantes :

Le logarithme d'un quotient est égal au logarithme du dividende, moins le logarithme du diviseur.

Le logarithme d'une puissance d'un nombre est égal au logarithme de ce nombre répété autant de fois qu'il y a d'unités dans le degré de la puissance.

Le logarithme de la racine d'un nombre est égal au quotient de la division du logarithme de ce nombre par l'indice de la racine à extraire.

On voit dans les tables que les nombres 1, 10, 100, 1000, ont respectivement pour logarithmes 0, 1, 2, 3 ; il en résulte que la partie entière des logarithmes des nombres est inférieure d'une unité au nombre des chiffres de la partie entière du nombre; elle caractérise donc la nature des plus hautes unités du nombre, et on lui a donné le nom de *caractéristique*.

D'après ce qui précède, si on multiplie ou si on divise un nombre par 10, 100, 1000, etc., on augmente ou on diminue la caractéristique du logarithme de ce nombre, de *une, deux, trois*, etc... unités; la partie décimale ou les figures du logarithme du nombre restant les mêmes.

Un examen attentif de la table montre que, dans certaines limites, les logarithmes des nombres entiers consécutifs diffèrent de quantités égales; par suite, les *différences entre les logarithmes sont proportionnelles aux différences entre les nombres*. Donc quand on augmente le nombre de un, deux, trois dixièmes d'unité, le logarithme augmente de un, deux, trois dizièmes de la différence entre deux logarithmes consécutifs.

Ces deux remarques servent de base à la recherche des logarithmes tabulaires.

Nous ferons remarquer que toutes les questions qui peuvent se résoudre par l'emploi des logarithmes se ramènent à la recherche du logarithme d'un nombre donné, ou à la recherche du nombre correspondant à un logarithme donné, soit que les nombres ou les logarithmes soient renfermés ou non dans les tables dont on se sert.

Proposons-nous donc de trouver le logarithme d'un nombre donné et réciproquement.

Trouver le logarithme d'un nombre donné.

Trouver le logarithme de 6347.

Ce nombre est dans la table; je trouve en regard son logarithme 3,80457.

Trouver le logarithme de 6347,98.

J'ai le logarithme de 6347 qui est 3,80257; pour 0,98 de plus, je dois ajouter les 0,98 de 7 cent-millièmes, différence entre les logarithmes de 6347 et 6348, c'est-à-dire 6,86.

Type du calcul.

log. 6347 = 3,80257 || 7
 pour 0,68   5 || 0,68
———————————————————————————
log. 6347,68 = 3,80262 || 4,76 ou 5 par excès;

A la caractéristique près, ce calcul fait connaître le logarithme du nombre 634798.

Trouver le nombre correspondant à un logarithme.

Trouver le nombre qui a pour logarithme 3,45728. Je trouve ce logarithme dans les tables et j'ai

$$3,45728 = log. 2866.$$

Trouver le nombre qui a pour logarithme 3,40274.

Je cherche dans les tables le logarithme le plus approché en moins. Je trouve 3,40261 qui en diffère de 13 cent-millièmes et qui correspond au nombre 2527. Je vois dans la table que pour 0,00017 de plus au logarithme, on a une unité de plus au nombre; pour 0,00001, on aurait $\frac{1}{17}$; pour 0,00013, on aurait $\frac{13}{17}$ ou 0,76; le nombre cherché est donc 2527,76.

Éléments du calcul logarithmique.

1° Calculer le produit de 3,1416 par 27,985.

$$log. \ 3,1416 = 0,49715$$
$$log. \ 27,985 = 1,44692$$

$$log. \ \text{prod.} \ = 1,94407 = log. \ 87,916.$$

Le produit est donc 87,916.
2° Calculer le quotient de 27,985 par 3,1416.

$$log. \ 27,985 = 1,44692$$
$$log. \ 3,1416 = 0,49715$$

$$log. \ \text{quot.} \ = 0,94977 = log. \ 8,9078$$

Le quotient est donc 8,9078.
3° Élever 3,1416 à la septième puissance.

$$log. \ 3,1416 = 0,49715$$
$$7 \ log. \ 3,1416 = 3,48005 = log. \ 3020,3.$$

4° Extraire la racine cinquième de 3,1416.

$$log. \ 3,1416 = 0,49715$$
$$\tfrac{1}{5} \ log. \ 3,1416 = 0,09943 = log. \ 1,2573.$$

Remarque. — Les tables ne renferment que les logarithmes des nombres plus grands que l'unité; lorsqu'ils
sont plus petits que l'unité, une préparation préalable
devient nécessaire : on les multiplie par une puissance
de 10 nécessaire et suffisante pour les rendre plus grands

que l'unité, sauf à tenir compte de cette multiplication dans les calculs ultérieurs.

Par exemple, soit à diviser 0,008639745 par 0,000006.

$$log.\ 8639,745 = 3,93650$$
$$log.\ 6\qquad\ \ = 0,77815$$

$$3,15835 = log.\ 1439,97$$

Pour rendre le diviseur plus grand que un, il faut multiplier par 1000000, ce qui donne 6; en multipliant le dividende par le même nombre, on trouve 8639,745 ; le nombre étant plus grand que le diviseur, on prend le logarithme 28639,745 et on en retranche celui de 6, ce qui donne le logarithme de 1439,97, nombré peu différent du quotient exact qui serait 1439,9575.

En nous servant des tables de Callet, en faveur des aspirants à l'École de marine ou à l'École polytechnique, proposons-nous de calculer, en appliquant le calcul logarithmique, l'expression :

$$x = \frac{31425 \times 2728 \times 187927}{142532 \times 28939}.$$

D'après les propriétés connues, nous avons :

$$log.\ x = \begin{cases} log.\ 31425 + log.\ 2728 + log.\ 187927 \\ - log.\ 142532 - log.\ 28939 \end{cases}$$

Nous disposerons les calculs de la manière suivante :

$$log. \; 31425 = 4,4972753 \quad log. \; 142532 = 5,1539124$$
$$log. \quad 2728 = 3,4358444 \quad log. \quad 28939 = 4,4614835$$

$$log. \; 187927 = 5,2739892 \qquad\qquad 9,6153959$$

$$13,2071089$$
$$9,6153959$$

$$log. \; x = 3,5917130$$
$$log. \; 3905,8 = 3,5917100$$

$$\text{Diff.} \quad 30$$
$$\text{pour } 0,02 \quad 22$$
$$\text{pour } 0,007 \quad 7,8$$

Donc, $\qquad\qquad x = 3905,827.$

Pour effectuer le calcul précédent, nous avons été conduits à retrancher la somme de plusieurs logarithmes, de la somme de plusieurs autres. On peut, par l'emploi des *compléments*, n'effectuer qu'une seule addition.

On appelle *complément arithmétique* d'un logarithme, le résultat qu'on obtiendra en soustrayant ce logarithme de 10.

Ainsi, pour effectuer le calcul qui précède, nous pouvons écrire :

$$log. \; x = \begin{cases} log. \; 31425 + log. \; 2728 + log. \; 187927 \\ + c^t \; log. \; 142532 + c^t \; log. \; 28939 - 20 \end{cases}$$

Puis, en ayant soin de retrancher 20 à la caractéristique

du résultat, nous disposerons les calculs de la manière suivante :

$$\begin{aligned}
log. \quad 31425 &= 4,4972753 \\
log. \quad 2728 &= 3,4358444 \\
log. \quad 187927 &= 5,2739892 \\
c^t\, log. \quad 142532 &= 4,8460876 \\
c^t\, log. \quad 28939 &= 5,5385165 \\
\hline
log. \quad x &= 3,5917130
\end{aligned}$$

Nous avons pour x le même logarithme ; nous trouverons donc aussi le même nombre correspondant.

Les compléments arithmétiques des logarithmes s'obtiennent, pour ainsi dire, à l'inspection des logarithmes, puisqu'il suffira de retrancher le premier chiffre significatif à droite de 10, et tous les autres de 9.

Comme seconde application, proposons-nous d'extraire une racine d'un nombre. Par exemple $\sqrt[5]{\left(\frac{113}{355}\right)^3}$ que nous appellerons x.

Si nous prenions les logarithmes des deux membres sous cette forme, nous serions conduits à faire une soustraction impossible.

Pour éviter cela, je multiplie les deux membres par 10^3. Il suffira de multiplier la quantité sous le radical par 10^{15}, ou seulement le numérateur de la fraction par 10^5, et on aura $1000\, x = \sqrt[5]{\left(\frac{11300000}{355}\right)^3}$. Prenant les logarithmes sous cette forme, nous aurons :

$$log.\ (1000\ x) = \frac{3(log.\ 11300000 - log.\ 355)}{5}.$$

Comme 113 suivi de 5 zéros est plus grand que 355, la soustraction devient possible.

$$\text{Or, } log. \ 11300000 = 7,0530784$$
$$log. \ 355 \quad = 2,5502284$$

$$log. \ 11300000 - log. \ 355 = 4,5028500$$
$$3 \ (log. \ 11300000 - log. \ 355) = 13,5085500$$
$$log. \ 1000 \ x = 2,7017100.$$

Or, on trouve que ce logarithme correspond au nombre 503,1645. C'est donc la valeur de 1000 x; d'où on déduit :

$$x = 0,5031645.$$

TRENTE-SIXIÈME LEÇON.

RÈGLE A CALCUL.

La *règle à calcul,* ou règle logarithmique, est un instrument destiné à trouver à vue le résultat approché des principales opérations de l'arithmétique et plus spécialement ici de la multiplication et de la division. Cet instrument se compose d'une règle, dans laquelle est creusée une rainure qui contient une *réglette* que l'on fait glisser à volonté dans cette rainure.

La règle et la réglette portent des divisions et des chiffres qui se correspondent chacun à chacun, lorsqu'on fait coïncider une division portant le même nombre. On a porté sur la partie supérieure de la règle et sur la réglette, à partir du trait initial des longueurs proportionnelles aux logarithmes des nombres, et l'on a inscrit ces nombres à côté. On a ainsi une sorte de table de logarithmes, dans laquelle les divisions représentent les logarithmes et les chiffres de ces divisions les nombres eux-mêmes.

Exemple. — Du chiffre 1 au chiffre 8 la longueur est le logarithme de 8. Le chiffre 1 coïncide avec le trait initial parce que $log.\ 1 = 0$; la distance de 1 à 10 est le logarithme de 10 ou 1, c'est-à-dire que c'est cette longueur qu'on a dû prendre pour unité dans la division de la règle ; par conséquent, la distance de 1 à 2 est les $\frac{301}{100}$ de cette unité linéaire, puisque $log.\ 2 = 0,301$; de même, la distance de 1 à 3 est les $\frac{477}{1000}$ de cette unité linéaire, parce que $log.\ 3 = 0,477$.

Les divisions placées sur la règle et les chiffres, les uns écrits, les autres sous-entendus, sont de trois ordres :

1° Du commencement au milieu de la règle, dans la partie supérieure, on a inscrit les chiffres de 1 à 10, et les longueurs sont les logarithmes des nombres 1, 2, 3, 4, 5, 6, 7, 8, 9.

2° Les intervalles entre les chiffres dont je viens de parler sont divisés chacun en dix parties égales : à côté des traits formant ces subdivisions, sont sous-entendus les chiffres 1, 2, 3.....9 qui sont du second ordre, c'est-à-dire qu'ils représentent des unités dix fois plus petites que les chiffres écrits. Ainsi, la distance du chiffre 4 au 3e trait qui suit le chiffre 4, représente le logarithme de 4,3.

3° Ces subdivisions doivent être considérées comme subdivisées elles-mêmes en 10 parties qui correspondent à des chiffres du 3e ordre ; mais, à cause de la petitesse de l'instrument, on n'a pu y marquer qu'en partie ces subdivisions du 3e ordre : de 1 à 2, elles sont marquées de 2 en 2 ; de 2 à 5, elles sont marquées de 5 en 5 ; de 5 à 10, elles ne sont pas marquées (on estime à vue les divisions sous-entendues). Par exemple, si entre 4 et 5 je prends le trait qui est entre la 3e et la 4e subdivision du 2e ordre, la distance de ce trait au trait initial représente le logarithme de 4,35.

Ce qu'on vient de dire se rapporte à la première moitié de la règle. Sur la seconde moitié, on trouve les mêmes subdivisions que sur la première ; par conséquent les distances d'un point quelconque de cette moitié au point milieu représentent les logarithmes des nombres écrits. Mais si je prends la distance d'un trait quelconque de cette moitié au trait initial de la règle, cela représente les logarithmes de nombres dix fois plus grands, puisque ces distances sont supérieures d'une unité aux précédentes; par exemple, si je prends dans la seconde moitié entre 10 et 2, le troisième des traits contenus dans la 6ᵉ subdivision, la distance de ce trait au trait initial de la règle est le logarithme de 15,6.

Remarque. — Les divisions consécutives ne sont pas égales parce que les logarithmes des nombres consécutifs ne sont pas équidifférents.

Dans quelque position que l'on place la réglette, le rapport entre les deux nombres qui se correspondent est le même tout le long de l'instrument; ce rapport constant ne varie qu'avec la position de la réglette.

Exemple 1. — Mettez 2 sur 1, chaque nombre de la règle sera le double de celui qui est au-dessous.

Exemple 2. — Mettez 3 sur 5; chaque nombre de la règle sera les $\frac{3}{5}$ de celui qui est au-dessous. En effet, les logarithmes des deux nombres qui se correspondent sont représentés par les distances de ces nombres aux traits initiaux de la règle et de la réglette; par conséquent, la différence de ces deux logarithmes est la distance de ces deux traits initiaux; par suite, tant qu'on ne change pas la position de la réglette, cette différence est la même, quels que soient les deux nombres correspondants qu'on considère.

Les nombres correspondants, ainsi pris deux à deux, ont donc des logarithmes équidifférents; par conséquent, leurs quotients ou rapports sont égaux.

Multiplication. — D'après la définition générale de la

multiplication, le rapport du produit à l'un des facteurs est le même que le rapport de l'autre facteur à l'unité. Si donc je place l'un des facteurs sur l'unité, le produit sera sur l'autre facteur, d'où je tire cette règle.

Pour trouver le produit de deux nombres, on place l'unité de la réglette sous l'un des facteurs; on cherche l'autre facteur sur la réglette; au-dessous de lui on trouve le produit.

Exemple 1. — Trouver le produit de deux facteurs 2,73 par 3,52. Je place l'unité de la réglette sous 2,73 (les 3 centièmes sont estimés à vue parce qu'en cet endroit la règle n'indique les centièmes que de 5 en 5); je cherche 3,52 sur la réglette et je lis le nombre au-dessus : je trouve ainsi 960. Le dernier chiffre est incertain.

Remarque. — Lorsque les unités des deux facteurs ne sont pas exprimées par un chiffre, on commence par les ramener à cet état à l'aide d'une multiplication ou d'une division par une puissance de dix. Ainsi, si l'on avait à chercher le produit de 0,371 par 13,8, ou celui de 473 par 327, on remplacerait les facteurs dans le premier cas par 3,71 et 1,38, et dans le deuxième cas par 4,73 et 3,27.

Division. — Le dividende est le produit du diviseur par le quotient; on placera donc, d'après ce qui précède, le diviseur sur l'unité et l'on trouvera le quotient sous le dividende; ou bien encore on placera le dividende sur le diviseur et le quotient sera sur l'unité. Ce second moyen est moins commode que le premier.

Exemple. — Diviser 4,52 par 3,79.

1° Je cherche sur la règle le diviseur 3,79 ;

2° J'amène au-dessous l'unité de la réglette ;

3° Je cherche sur la règle le dividende 4,52 ;

4° Je lis le nombre qui est au-dessous du dividende ; je trouve 1,19 : c'est le quotient cherché.

Remarque. — On déplace au préalable, si besoin est, les

virgules décimales, et l'on corrige le résultat si le quotient est altéré.

Le procédé que nous employons exige que le dividende ne soit pas dans la partie de la règle laissée vide par la réglette ; il faut donc que le dividende surpasse le diviseur ; s'il n'en est pas ainsi, on multiplie le dividende par 10, 100, 1000, etc., sauf à rendre le quotient trouvé 10, 100, 1000 fois plus petit.

FIN DE L'ARITHMÉTIQUE.

NOTES ET EXERCICES

L'ARITHMÉTIQUE.

NOTES

SUR

L'ARITHMÉTIQUE.

NOTE I.

Multiplication.

La règle ordinaire de la multiplication n'oblige pas nécessairement à commencer l'opération par le chiffre des unités du multiplicateur. On peut, en effet, commencer par tel chiffre qu'on voudra du multiplicateur, pourvu qu'on ait soin de placer le premier chiffre de chaque produit partiel sous celui qui sert de multiplicateur.

Il y a plus, on peut commencer par tel chiffre qu'on voudra du multiplicateur et du multiplicande.

Soit à multiplier 2987 par 843. On dispose le calcul comme à l'ordinaire :

$$
\begin{array}{r}
2987 \\
843 \\
\hline
1600000 \\
720000 \\
64000 \\
5600 \\
80000 \\
36000 \\
3200 \\
280 \\
6000 \\
2700 \\
240 \\
21 \\
\hline
2518044
\end{array}
$$

et l'on dit 8 fois 2 font 16, que l'on fait suivre de 5 zéros, parce qu'après les chiffres multipliés il y a, tant au multiplicande qu'au multiplicateur, 5 chiffres ; on dira de même, 4 fois 8 font 32, que l'on fait suivre de deux zéros, parce qu'il y a deux chiffres restants dans les deux facteurs. On écrit tous les résultats ainsi obtenus, puis on en fait l'addition.

La raison en est trop facile à apercevoir pour que nous nous y arrêtions davantage. Il y a autant de produits partiels que l'indique le produit des nombres de chiffres de chaque facteur.

Cette méthode permet de déterminer les premiers ou les derniers chiffres du produit de deux nombres, indépendamment des autres.

NOTE II.

Inversions des facteurs dans un produit de deux facteurs.

On pourrait démontrer qu'un produit de deux facteurs ne change pas quand on intervertit l'ordre des facteurs de la manière suivante :

Le théorème est évident dans le cas où les deux facteurs sont égaux et dans le cas où un des facteurs est l'unité.

Cela posé soit $A \times B$ et supposons $B = A + C$. Le produit $A \times B$ sera égal à $A \times A + A \times C$ et le produit $B \times A$ sera égal à $A \times A + C \times A$. On aura donc ramené la démonstration à prouver que $A \times C = C \times A$. Recommençant sur les facteurs A et C les opérations faites sur A et B, on finirait par trouver ou deux nombres égaux, ou deux nombres différant de l'unité.

Le théorème est donc vrai.

NOTE III.

Division.

Soit à diviser 472878 par 567 :

472878	567
4536	834
1927	
1701	
2268	
2268	
0	

Lorsqu'on veut *découvrir les chiffres du quotient sans tâtonnement*, on observe· que le diviseur n'étant jamais contenu plus de 9 fois dans chaque dividende partiel, il suffit de former une *table* des produits du diviseur 567 par les nombres

$$1, \quad 2, \quad 3, \quad 4, \quad 5, \quad 6, \quad 7, \quad 8, \quad 9.$$

Ces produits sont :

$$567, \quad 1134, \quad 1701, \quad 2268, \quad 2835, \quad 3402, \quad 3969, \quad 4536, \quad 5103.$$

L'inspection de cette *table* fait voir combien de fois le diviseur 567 est contenu dans chaque dividende partiel.

Par exemple, le premier dividende partiel 4728 tombant entre 4536 et 5103, c'est-à-dire entre 567 × 8 et 567 × 9, on voit que 567 est contenu 8 fois dans 4728.

La table des produits du diviseur par les nombres d'un seul chiffre offre l'avantage de réduire la division à des soustractions successives. Il est bon d'en faire usage quand le quotient doit renfermer un grand nombre de chiffres.

Cette table peut se former par des additions successives du diviseur. Par exemple, en ajoutant 567 à 567, la somme 1134 exprime 2 fois 567, ajoutant 567 à 1134, le résultat 1701 exprime 3 fois 567 ; et ainsi de suite.

Il est toujours facile de déterminer la partie du dividende qui renferme le produit du diviseur par le chiffre des plus hautes unités du quotient, et l'on en déduit quel est ce chiffre. Mais, les produits partiels du diviseur par les autres chiffres du quotient étant confondus dans le dividende, il n'est pas possible d'apercevoir ces produits dans le dividende total ; ce qui empêche de trouver directement les autres chiffres du quotient, avant d'avoir obtenu celui de ses plus hautes unités. *Il est donc indispensable de commencer par la recherche du premier chiffre à gauche du quotient.*

NOTE IV.

Divisibilité par 11.

Pour obtenir le reste de la division d'un nombre par 11, on calcule deux sommes : l'une des chiffres de rang impair à partir de la droite, l'autre des chiffres de rang pair ; de la première somme, augmentée s'il est nécessaire d'un multiple de 11, on retranche la seconde somme ; on opère sur le reste de cette soustraction comme sur le nombre donné ; et ainsi de suite jusqu'à ce qu'on parvienne à un reste moindre que 11 ; ce dernier reste exprime le reste demandé..

La démonstration de cette propriété dépend des deux principes suivants :

1° L'unité suivie d'un nombre pair de zéros, est un multiple de 11 augmenté de 1 ; car

$$100 = 99 + 1, \quad 10000 = 9999 + 1, \quad 1000000 = 999999 + 1. \text{ etc.,}$$

et 99 étant divisible par 11, tout nombre composé d'un nombre pair de 9 est divisible par 11.

Tout chiffre significatif suivi d'un nombre pair de zéros est donc un multiple de 11 augmenté de ce chiffre.

2° L'unité suivie d'un nombre impair de zéros est un multiple de 11 diminué de 1 ; car

$$10 = 11 - 1,$$
$$1000 = 990 + 10 = 990 + 11 - 1,$$
$$100000 = 99990 + 10 = 99990 + 11 - 1, \text{ etc.}$$

et chacun des nombres 99, 9999, etc., étant divisible par 11, les nombres 10, 1000, 100000, etc., sont des multiples de 11 diminués de 1.

Tout chiffre significatif suivi d'un nombre impair de zéros est donc un multiple de 11 diminué de ce chiffre significatif.

Cela posé : comme en partant de la droite d'un nombre, la

valeur de chaque chiffre de rang impair est exprimée par ce chiffre suivi d'un nombre pair de zéros, le nombre déterminé par ce chiffre est un multiple de 11 augmenté de ce chiffre (1°). On déduirait de même de (2°) que chaque chiffre de rang pair exprime un multiple de 11 diminué de ce chiffre. Le nombre donné est donc un multiple de 11 augmenté de la somme des chiffres de rang impair, et diminué de la somme des chiffres de rang pair. Quand la première somme n'est pas moindre que la deuxième, le nombre est un multiple de 11 augmenté de la différence entre ces deux sommes ; de sorte que le reste de la division de cette différence par 11, est le même que celui de la division du nombre proposé par 11. Lorsque la première somme est moindre que la deuxième, on ramène ce cas au précédent, en augmentant cette première somme d'un multiple convenable de 11; car cela revient à ajouter ce multiple de 11 au nombre donné, ce qui ne change pas le reste de la division de ce nombre par 11.

On en déduit la règle énoncée.

Ainsi, le reste de la division 62410 par 11, est $0 + 4 + 6$ diminué de $1 + 2$, ou 7; celui de la division de 6241 par 11 est $1 + 2 + 11$ diminué de $4 + 6$, ou 4. Le reste de la division de 827081920 par 11 est $9 + 8 + 7 + 8$ diminué de $2 + 1 + 2$, ou $32 - 5$ ou 27, ou $7 - 2$, ou enfin 5.

REMARQUE. *Quand la différence entre la somme des chiffres de rang impair et la somme des chiffres de rang pair est multiple de 11, ou est zéro, le nombre est divisible par 11*; car, en vertu de la règle précédente, le reste de la division de ce nombre par 11 est zéro.

Comme l'on trouve avec assez de facilité le reste de la division d'un nombre par 11, on pourra faire la preuve d'une division ou d'une multiplication en prenant 11 pour diviseur. Il en résultera que la preuve ne pourra indiquer si l'erreur est un multiple de 11; mais si on combine les deux preuves de 9 et de 11, et qu'elles s'accordent à indiquer un résultat exact, l'erreur ne pourrait être que d'un multiple de 99 : ce qui est peu probable.

NOTE V.

Fractions décimales périodiques.

Deux fractions irréductibles ne sont équivalentes qu'en étant identiques.

La fraction ordinaire génératrice d'une périodique mixte, réduite à sa plus simple expression contiendra à son dénominateur ou 2 ou 5, puisque son dénominateur est au moins divisible par 10 et que son numérateur ne l'est pas.

La fraction ordinaire génératrice d'une périodique simple réduite ou non à sa plus simple expression, ne contient ni 2 ni 5 à son dénominateur qui n'est composé que de 9.

Une fraction ordinaire qui contient au dénominateur des facteurs autres que 2 ou 5 n'étant pas finie est périodique.

Donc elle sera périodique simple, si son dénominateur ne contient ni 2 ni 5, et périodique mixte si son dénominateur renferme 2 ou 5 combinés avec d'autres facteurs.

NOTE VI.

Nombres de divisions à faire dans la recherche du plus grand diviseur commun.

Dans la recherche du plus grand diviseur commun à deux nombres, si on trouve deux restes successifs, différant de 1, 2, 3,

4, 5, 6 unités, les nombres sont premiers entre eux, ou n'admettent pour diviseur commun que 2, 3, 4, 5, 6, et comme les caractères donnés sur la divisibilité par ces nombres, permettent de reconnaître avec facilité si ces nombres sont diviseurs des nombres donnés, on en conclut que toutes les fois qu'on aura trouvé deux restes successifs ne différant pas de plus de 6 unités, l'opération sera terminée.

Donc si les restes successifs doivent différer de 7 unités au moins, il en résultera qu'on n'aura pas à faire plus de divisions que ne l'indique la 7e partie du plus petit des deux nombres donnés.

Observons que la recherche du plus grand diviseur commun à deux nombres, repose toute entière sur ce principe, savoir : *tout nombre qui divise une somme composée de deux parties et l'une de ces parties, divise l'autre.*

Or, le même théorème subsistant pour une différence, si l'on avait à chercher le plus grand diviseur commun à 576 et 162, et qu'on eût posé l'égalité

$$576 = 162 \times 4 - 72$$

on aurait démontré, comme plus haut, que le plus grand diviseur commun à 576 et 162 est le même que celui de 162 et 72. On pourra donc, dans le cours de l'opération, prendre le reste en excès ou en défaut, ce qui se fera en augmentant le quotient d'une unité.

Si l'on a soin de prendre parmi ces deux restes celui qui ne surpasse pas la moitié du diviseur, on diminuera le nombre de divisions partielles.

Car nommons R_1, R_2, R_3 ... R_n les restes qu'on trouve en cherchant le plus grand diviseur commun entre A et B. R_1 sera moindre que B divisé par 2 et R_2 sera moindre que R_1 divisé par 2, et par conséquent moindre que B divisé par 2^2. En général, le reste R_n sera moindre que $\frac{B}{2^n}$. Or, 2^n surpassera B quand n sera l'exposant de la plus petite puissance de 2 supérieure à B. Donc, en ayant égard aux restes en excès ou en défaut, *le nombre de divisions partielles à faire dans la recherche du plus grand diviseur commun à deux nombres sera au plus égal à l'exposant de la plus petite puissance de 2 supérieure au plus petit nombre.*

NOTE VII.

Valeur approchée d'une fraction ordinaire.

On peut avoir la valeur approchée d'une fraction ordinaire dont les termes sont très grands, à moins de telle approximation que l'on voudra.

Supposons qu'on demande, à moins de $\frac{1}{17}$, la valeur de la fraction irréductible $\frac{455789}{1345868}$. Il s'agit de trouver deux nombres différant de $\frac{1}{17}$ et comprenant la fraction; or il est clair que la fraction n'est autre que $\frac{1}{17} \times \frac{455789 \times 17}{1345868}$. Si l'on effectue le quotient du nouveau numérateur par le dénominateur, on trouvera deux nombres différant d'une unité, et qui comprendront cette nouvelle fraction. Soit a et $a+1$, ces deux nombres. Il est clair que $\frac{a}{17}$ et $\frac{a+1}{17}$ comprendront la fraction primitive, et l'on aura la valeur de la fraction en termes plus simples.

Lorsqu'une fraction exprimée par des nombres considérables n'est pas réductible et qu'on peut se contenter d'en avoir une valeur approchée, on peut y parvenir par la méthode suivante, qui donne alternativement des fractions plus grandes et plus petites que la proposée, mais toujours de plus en plus rapprochées, en sorte qu'à la dernière opération on retrouve la fraction primitive.

Prenons pour exemple la fraction 3,14159, qui, comme on le verra en géométrie, exprime le rapport de la circonférence au diamètre; et proposons-nous d'exprimer cette fraction par d'autres, moins exactes à la vérité, mais exprimées par des nombres plus simples.

Une première valeur approchée est 3 en négligeant la fraction $\frac{14159}{100000}$.

Si nous divisons les deux termes de cette fraction par son numérateur, nous aurons une nouvelle fraction dont le numérateur serait 1 et le dénominateur le nombre fractionnaire $7 + \frac{887}{14159}$

et en négligeant cette dernière fraction on aurait une seconde valeur approchée en prenant $3 + \frac{1}{7}$ ou $\frac{22}{7}$.

Mais ce n'était pas 7 qui devait être au dénominateur. C'est $7 + \frac{887}{14159}$ et si nous divisons les deux termes de cette fraction par son numérateur, nous en aurons une nouvelle dont le numérateur serait 1 et le dénominateur serait le nombre fractionnaire $15 + \frac{854}{887}$. Négligeant cette dernière fraction, on voit que le dénominateur, au lieu d'être 7 serait $7 + \frac{1}{15}$ ou $\frac{106}{15}$, et alors la première valeur deviendrait $3 + \frac{15}{106}$ ou $\frac{333}{106}$, fraction encore plus approchée que $\frac{22}{7}$, mais trop forte.

Si on continuait de même, en tenant compte de la fraction $\frac{854}{887}$, on trouverait une valeur plus approchée, mais trop faible, $\frac{355}{113}$.

Archimède avait trouvé le rapport $\frac{22}{7}$ fort en usage à cause de sa simplicité.

Le rapport $\frac{333}{106}$ paraît avoir été connu des Indiens.

Métius a trouvé la valeur beaucoup plus approchée $\frac{355}{113}$, qui, convertie en décimales, en donne 6 d'exactes.

Ce dernier rapport peut aisément se trouver de la manière suivante :

Écrivons les trois nombres impairs 1, 3, 5 deux fois de suite à côté les uns des autres.

$$113 \mid 355$$

Nous aurons ainsi six chiffres ; et, séparant par un trait les trois premiers des trois derniers, les nombres à droite et à gauche du trait seront les deux termes de la fraction.

NOTE VIII.

Sur la Racine carrée.

Nous allons montrer comment, dans certains cas, on peut simplifier le calcul de la racine carrée.

Lorsqu'on aura trouvé plus de la moitié des chiffres qui doivent
se trouver à la racine, on pourra obtenir tous les autres par une
simple division.

Soit N, le nombre dont on a à extraire la racine; soit A le
nombre formé, en écrivant à la droite de la racine trouvée, autant
de zéros qu'il y a de chiffres inconnus, et soit B l'ensemble des
chiffres inconnus, de sorte que

$$N = (A+B)^2 = A^2 + 2 . A . B + B^2$$

D'où l'on déduit :

$$B = \frac{N-A^2}{2A} - \frac{B^2}{2A}.$$

Or, si B renferme m chiffres par exemple, son carré en renferme, comme on a vu, $2m$ au plus.

Mais 2A renferme au moins $2m+1$ chiffres par hypothèse,
de sorte que le quotient de B^2 par A est moindre que 1 et
celui de B^2 par 2A moindre que $\frac{1}{2}$. Donc, en calculant,
à une unité près, le quotient de $\frac{N-A^2}{2A}$, on aura, à une unité
près, la valeur du nombre B, et par conséquent la racine de N.

Supposons, par exemple, qu'on demande la racine du nombre
184467440737095516046. On calculera les six premiers chiffres de
la racine par la méthode ordinaire, et l'on trouvera 429496.

Ce que nous avons appelé A est donc ici représenté par
4294960000.

Retranchons du nombre donné le carré de ce nombre ; nous aurons à diviser 62672109551616 par 8589920000, ou 6267210955 par 858992. Nous trouvons ainsi le quotient 7296.

La racine demandée est donc, à une unité près, 4294977296. C'est même, dans ce cas, la racine exacte.

NOTE IX.

Rentes sur l'État.

Lorsque l'État emprunte, il délivre aux prêteurs, sous le nom d'*inscriptions* de rente, des *titres*, sur le vu desquels le *trésor public* doit payer une certaine rente à des époques déterminées. Un taux est indiqué sur ces titres de rente qui sont aujourd'hui 4 francs $1/_2$, 4 francs et 3 francs pour 100 francs. Les inscriptions de rente peuvent se négocier et se transférer d'une personne à une autre.

Le *cours de la rente*, qui se fixe tous les jours à la Bourse, est le prix auquel se vendraient 4f,50, 4 francs, 3 francs de rente aux taux respectifs de 4 $1/_2$, 4 et 3 pour 100. Si ce prix est de 100 francs, la rente est dite *au pair;* elle est au-dessus ou au-dessous du pair, selon que ce prix est supérieur ou inférieur à 100 francs.

Les inscriptions de rente se vendent par l'intermédiaire d'*agents de change* nommés par le gouvernement; ils prélèvent pour leur droit de commission ou leur *courtage* $\frac{1}{8}$ pour 100, ou $\frac{1}{800}$ du prix total de la vente ou de l'achat.

Ces rentes sont payées par 6 mois, pour le 4 $1/_2$, les 22 mars et 22 septembre de chaque année, et le 22 juin et 22 décembre de chaque année, pour le 3 pour 100.

A chacun des titres adhèrent des ordres de payer une rente désignée aux époques mentionnées. Ces ordres, que l'on détache à chaque semestre de la feuille de titre, sont appelés *coupons de rente*, et sont payés par tous les receveurs généraux ou particuliers.

Quand on achète de la rente avant le 4 du mois où doivent se payer les rentes, on a droit à toucher les intérêts prochains.

On achètera donc avec *coupon* ou avec *coupon détaché*, suivant qu'on aura acheté avant ou après l'époque fixée.

EXERCICES

SUR

L'ARITHMÉTIQUE.

NUMÉRATION.

1. Quelle est la plus haute espèce d'unité d'un nombre entier de 17 chiffres ?

2. Quelle est l'unité exprimée par le 9e chiffre ?

3. Quelle est la plus faible espèce d'unité d'un nombre décimal de 16 chiffres après la virgule ?

4. Quel est le nombre qui précède 2 millions ?

5. Écrire le nombre onze mille onze cent-onze unités.

6. Combien de mots emploie-t-on pour énoncer tous les nombres depuis 1 jusqu'à 999999 ?

7. Si on écrivait en toutes lettres tous les nombres depuis 1 jusqu'à 999999, quelle serait la lettre qui occuperait le 23567e rang ?

8. Combien de lettres de chaque sorte faudra-t-il ?

9. Si on convenait que 7 unités d'un certain ordre en vaudraient une de l'ordre immédiatement supérieur, que vaudrait l'unité du 4e ordre en unités simples ?

10. Combien une unité d'un certain ordre vaut-elle d'unités d'un autre ordre ?

11. Que devient un nombre quand, entre deux chiffres successifs, on écrit le nombre 359 ?

12. Combien y a-t-il entre 0 et 1000 de nombres composés de chiffres différents ? Trouver la loi générale.

13. De 1 à 100, quel est le nom de nombre le plus souvent répété et quels sont les noms de nombre le moins souvent répétés ?

ADDITION ET SOUSTRACTION.

1. Opérer une addition en commençant par la gauche.

2. Opérer une soustraction en commençant par la gauche.

3. On a posé une addition ; on en pose une seconde dont tous les nombres sont composés des chiffres qui, ajoutés au chiffre de même espèce dans la première addition, font constamment 9 ; quel est le résultat des deux additions ?

4. On ajoute 2 au nombre dont on soustrait, on retranche 2 au nombre que l'on soustrait ; quel est le changement éprouvé par le reste ?

MULTIPLICATION ET DIVISION.

1. Multiplier le nombre 23567 par 9, 11, 49, 51, par les opérations les plus faciles possible.

2. Quel changement éprouve un produit quand on augmente le multiplicande de 7 et qu'on diminue le multiplicateur de 8 ? Peut-il ne pas y en avoir ?

3. Un nombre est multiplié par 3 et augmenté de 6, le résultat est multiplié par 4 et augmenté de 1, et le dernier résultat divisé par 7 ne donne pas de reste. Trouver le plus petit nombre satisfaisant à ces conditions.

4. La somme de deux nombres est 576, et l'un d'eux est 8 fois plus grand que l'autre. Quels sont ces nombres?

5. La différence de deux nombres est 320, et l'un deux est 9 fois plus grand que l'autre. Quels sont ces nombres?

6. Trouver un nombre qui divisé par 5 donne le reste 4, et qui divisé par 9 donne le reste 2. Le problème est-il déterminé?

7. La somme de deux nombres est 100; quand on divise leur produit par le plus petit, le quotient est la 25e partie de ce produit. Quels sont ces nombres?

8. On a à diviser un nombre par 72 : remplacer cette division par deux autres dont le diviseur n'ait qu'un chiffre.

9. Quel est le nombre dont le produit par 12, augmenté de 34, donne 2506?

10. Combien s'est-il écoulé de secondes depuis le commencement de l'ère chrétienne?

11. En multipliant 357 par un certain nombre de trois chiffres, le produit est terminé par 723. Quel est ce nombre?

DIVISIBILITÉ ET NOMBRES PREMIERS.

1. Si deux nombres sont composés des mêmes chiffres significatifs, leur différence est multiple de 9. — Démontrer que les nombres 9089706 et 876 diffèrent d'un multiple de 90.

2. Si dans la recherche du plus grand commun diviseur de deux nombres deux restes successifs diffèrent de 7, doit-on continuer les divisions?

3. Trouver deux nombres tels qu'en leur appliquant la méthode du plus grand diviseur commun les deux premiers restes diffèrent de 7.

4. Quand on cherche le plus grand diviseur commun à deux nombres, quelles opérations peut-on faire pour savoir combien de fois chacun d'eux contient leur plus grand diviseur commun?

5. Le plus grand diviseur commun à deux nombres, multiplié par leur plus petit multiple, donne le produit de ces nombres.

6. Tout nombre premier est un multiple de 6, augmenté ou diminué de 1 (sauf les nombres 1, 2, 3).

7. La réciproque est-elle vraie?

8. Le produit de plusieurs nombres premiers successifs, à partir de 2 inclus, augmenté de 1, est un nombre premier.

9. Un nombre divisible par 2 et 3, l'est-il par 6? La réciproque est-elle vraie?

10. Quel est le nombre impair le plus grand qui divise à la fois 4500 et 240?

11. Reconnaître si un nombre est divisible par 4 ou par 8.

12. Reconnaître si un nombre est divisible par 360?

13. Composer tant de nombres qu'on voudra dont le plus grand diviseur commun soit donné.

14. Si un nombre est le produit de 3 facteurs premiers, il y en aura un moindre que sa racine cubique.

15. Si deux nombres sont premiers entre eux, les multiples de l'un d'eux par tous les nombres inférieurs à l'autre, divisés par cet autre, donneront des restes différents.

16. Sachant que 999 est un multiple de 27 et de 37; sachant que 999999 et 1001 sont des multiples de 7, 11 et 13, trouver les conditions de divisibilité par ces nombres.

FRACTIONS ORDINAIRES.

1. Quand est-ce que la somme, la différence, le produit ou le quotient de deux fractions irréductibles, et tout cela simultanément, donnent des fractions irréductibles?

2. Le tiers d'un nombre et la moitié de ce tiers surpassent-ils la moitié de ce nombre?

3. On a deux fractions proprement dites, on en forme une troisième en ajoutant, retranchant ou multipliant les numérateurs entre eux et les dénominateurs entre eux. Qu'est cette fraction à l'égard des deux autres, et laquelle des trois est la plus grande ?

4. Que devient une fraction quand on augmente les deux termes de la même quantité ?

5. Multiplier $\frac{8}{15}$ par $\frac{3}{4}$ par l'opération la plus simple possible.

6. Quel est le nombre dont les $\frac{2}{3}$ plus les $\frac{4}{5}$ surpassent ce nombre de 168?

7. Quelle heure est-il quand ce qui est écoulé du jour est les $\frac{5}{7}$ de ce qui reste à écouler?

FRACTIONS DÉCIMALES.

1. Quel changement éprouve le nombre décimal 3,14126, si, entre les chiffres successifs 1 et 2, on écrit 59 ?

2. Quand une fraction ordinaire, convertie en décimales, se termine, combien renfermera-t-elle de chiffres décimaux?

3. La fraction ordinaire, équivalente à une fraction périodique simple ou mixte, est-elle toujours irréductible ?

4. Quelle est la relation entre deux fractions ordinaires donnant lieu à deux fractions décimales, l'une périodique simple et l'autre périodique mixte, quand la partie non périodique est 000 et que les périodes sont les mêmes?

5. Quand on a trouvé la moitié des chiffres d'une fraction décimale périodique simple, tous les autres sont les compléments à 9 de ceux déjà trouvés.

6. Si deux fractions ordinaires irréductibles, converties en décimales, donnent chacune une fraction décimale périodique simple ou mixte, leur somme, ou leur différence, donneront-elles encore une fraction périodique simple ou mixte ?

7. Quelle espèce de fraction donnera leur quotient ou leur produit ?

8. Quelles sont les fractions ordinaires qui donnant lieu, quand on les convertit en décimales, à des fractions périodiques mixtes, auront trois chiffres à la partie non périodique ?

CARRÉS ET RACINES CARRÉES. — CUBES ET RACINES CUBIQUES.

1. Si l'on écrit les carrés de tous les nombres et que l'on en fasse les différences successives, on obtiendra pour résultat la série des nombres impairs.

2. Le produit de deux nombres est-il un carré, si les deux nombres sont carrés, les deux non carrés, ou l'un carré sans que l'autre le soit ?

3. Un nombre carré, s'il est pair, est divisible par 4, et s'il est impair diminué de 1, il devra être divisible par 8.

4. Un carré qui n'est pas divisible par 3, le devient en lui retranchant une unité.

5. Quel peut être le chiffre des unités d'un carré parfait?

6. Quel est le nombre qui est les $\frac{3}{7}$ de son carré?

7. Tout cube est divisible par 9, ou le devient en l'augmentant ou le diminuant d'une unité.

8. Les quatre derniers chiffres du cube d'un nombre de 4 chiffres sont 1723 ; quel est ce nombre ?

9. Calculer l'expression $\dfrac{\sqrt{1,6} - \sqrt{0,9}}{\sqrt{3,6} - \sqrt{2,5}}$.

10. Calculer l'expression $\dfrac{\sqrt[3]{3,43} - \sqrt[3]{1,25}}{\sqrt[5]{7,29} - \sqrt[3]{5,12}}$.

11. Sachant que la somme des 9 chiffres significatifs est divisible par 9, trouver un nombre tel que son carré et ce nombre soient composés de tous les chiffres significatifs, mais une fois chacun.

12. Une fraction, dont les deux termes ne sont pas carrés, peut-elle être un carré ?

13. Quand un cube est pair, quel doit être le chiffre des dizaines ?

14. Quand un carré ou un cube sont terminés par 5, quel doit être le chiffre des dizaines ?

15. Comment faire pour extraire une racine d'un ordre indiqué par un nombre qui ne contiendrait que les facteurs premiers 2 et 3, ou l'un d'eux séparément ?

―――――

RAPPORTS.

1. Quel est le rapport de $\sqrt{4}$ à $\sqrt{2}$.

2. Quel est le rapport de $\sqrt{8}$ à $\sqrt{2}$.

3. Quel est le rapport de deux fractions qui ont même dénominateur ou même numérateur ?

4. La moyenne proportionnelle entre deux nombres est généralement moindre que la moyenne arithmétique entre ces mêmes nombres. — Généralisation.

5. Le rapport de deux nombres est-il le même que le rapport de deux puissances semblables ou non de ces nombres ?

6. Si la somme de deux nombres, divisés par la somme de deux autres, est égale au quotient de l'un des nombres de la première somme par un des nombres de la seconde, que peut-on conclure ?

7. Si le produit de deux nombres est égal au produit de deux autres, le rapport des multiplicandes est l'inverse du rapport des multiplicateurs.

8. Quel est le rapport de deux fractions ordinaires qui, converties en décimales, donnent des fractions périodiques simples; quand est-il le même que le rapport des périodes ?

9. Dans une suite de rapports égaux, la somme des racines carrées des produits de chaque numérateur par son dénominateur est égale au produit de la racine carrée de la somme des numérateurs, par la racine carrée, somme des dénominateurs.

10. Écrire une suite de rapports égaux où le dénominateur d'un rapport soit le numérateur du suivant, et où les termes soient entiers.

11. Un nombre est dans un rapport donné avec un autre. Quel est le rapport de leur somme à leur différence ?

12. Quel nombre faut-il retrancher d'un autre donné, si on connaît le rapport que le nombre à retrancher doit avoir avec le reste ?

13. Quand on augmente un nombre d'une quantité dont on connaît le rapport avec le nombre, quel rapport aura avec le total la quantité dont on doit le diminuer pour retrouver le nombre primitif ?

FIN DES EXERCICES THÉORIQUES.

PROBLÈMES ET QUESTIONS DIVERSES.

1. Un père a 40 ans; son fils en a 10. Dans combien de temps l'âge du père ne sera-t-il que le triple de l'âge de son fils?

2. Un renard, poursuivi par un lévrier, a 60 sauts d'avance; il en fait 9 pendant que le lévrier n'en fait que 6; mais 3 sauts du lévrier en valent 7 du renard. Combien le lévrier doit-il faire de sauts pour atteindre le renard?

3. Que coûte le mètre quand la toise coûte 12 francs?

4. Que coûte la toise quand le mètre coûte 10f,25?

5. Cent piastres d'Espagne valent 543 francs: cent ducats de Hollande valent 1193 francs. Combien 3579 piastres valent-elles de ducats?

6. Une personne boit la moitié d'un verre de vin, le remplit d'eau et en boit le tiers; puis elle le remplit encore d'eau et en boit le quart. Combien a-t-elle bu de vin pur?

7. Un maître promet à un domestique 200 francs par an, plus sa livrée; il le renvoie au bout de 10 mois en lui donnant 160 francs, plus sa livrée. Que valait la livrée?

8. On a fait transporter 32 quintaux à 40 lieues pour 28 francs. Combien de quintaux ferait-on transporter à 56 lieues pour 64 francs?

9. Combien faut-il de pièces de 5 francs au contact pour faire la longueur du méridien terrestre?

10. Au bout de combien d'années un capital placé à intérêts simples est-il doublé au taux de 4, 4 $\frac{1}{2}$, 5, 6 pour 100?

11. Si l'unité de volume est le décistère, quelle est l'unité de poids?

12. Si l'unité de poids est le quintal métrique, quelle est l'unité de volume?

13. 32 kilogrammes d'eau de mer contiennent 16 hectogrammes de sel. Combien faut-il ajouter d'eau douce pour que 32 kilogrammes du nouveau mélange ne contiennent plus que 2 hectogrammes de sel?

15. Quel âge a une personne actuellement si elle est née le 3 septembre 1822?

10. En ne tenant pas compte du temps que la lumière emploie à parcourir un certain espace, et sachant que le son parcourt 337 mètres par seconde, à quelle distance est-on de la côte quand on a entendu le son du canon une minute après avoir vu le feu?

16. Si une canne d'une longueur de 1m,20 donne 2m,70 d'ombre, quelle hauteur aura un édifice qui donnerait 140 mètres d'ombre?

17. Un failli n'offre à ses créanciers que 70 pour 100. Que revient-il à un créancier inscrit pour 23549 francs?

18. Le tiers, le quart, le septième, le douzième et la moitié d'un nombre surpassent ce nombre de 26. Quel est ce nombre?

19. Deux locomotives vont dans le même sens : la première a une avance de 138 kilomètres, fait 3 kilomètres en 4 minutes, et part 40 minutes avant la seconde, qui parcourt 6 kilomètres en 7 minutes. Dans combien de temps se rencontreront-elles et à quelle distance des points de départ?

20. Une montre marque midi. Combien de fois les aiguilles des heures et des minutes se rencontreront-elles jusqu'à minuit, et à quelle heure aura lieu chaque rencontre?

21. Un bassin est alimenté par deux fontaines : la première le remplirait en 90 minutes, la seconde en 45 minutes; une soupape pourrait vider ce bassin en 3 heures. En combien de temps le bassin, supposé vide, sera-t-il rempli, quand l'eau coulera par les 3 ouvertures à la fois?

22. Un équipage n'a plus que pour 15 jours de vivres: mais les circonstances doivent encore lui faire tenir la mer pendant 20 jours. A combien doit-on réduire la totalité des rations par jour?

23. Un père laisse par testament la moitié de son bien à son fils, le tiers à sa fille, et les 10000 francs qui restent à sa veuve. Quel est le bien du défunt et la part de chaque enfant?

24. Trois négociants ont fait une société pour 3 ans : le premier, qui a mis d'abord 18000 francs, verse 7 mois après une somme de 4000 francs; le second, qui avait versé 24000 francs, retire 11 mois après 9000 francs; le troisième a laissé 15000 francs pendant les 3 ans : le bénéfice total a été de 57290 francs. Que revient-il à chacun?

25. Partager 98 francs entre trois personnes, de sorte que les deux premières aient des parts égales et que la troisième n'ait que les $\frac{4}{5}$ de la part des deux autres?

26. Un père a voyagé en chemin de fer avec sa femme et ses trois enfants : deux des enfants n'ont payé que demi-place ; le troisième n'a rien payé. Le prix de la place étant 16 fr. 85 cent., à combien revient, en moyenne, la place de chacun ?

27. Le train express sur Toulouse part de Bordeaux à midi, et parcourt 1 kilomètre par minute ; le train omnibus part de Toulouse sur Bordeaux à 7 heures du matin, et parcourt 2 kilomètres en 3 minutes. A quelle distance de Bordeaux et de Toulouse aura lieu la rencontre, la distance entre ces deux villes étant de 257 kilomètres ?

28. On veut acheter 625 francs de rentes 3 pour 100, quand le cours de la Bourse est 69,30. Quelle somme faudra-t-il donner en payant les courtages de l'agent de change ?

29. On donne à un agent de change 8561ᶠ,80 avec ordre d'acheter de la rente 4 $\frac{1}{2}$ pour 100 et de se payer de ses honoraires. Combien de rente aura-t-on si le cours est 95,90 ?

30. Trois billets sont : l'un de 250 francs, payable en 3 mois ; le second, de 530 francs, payable en 40 jours ; le troisième, de 600 francs, payable en 28 jours. Pour remplacer ces trois billets par un seul, à quelle échéance doit-on le faire, le taux de l'escompte étant 6 p. % pour les trois billets ? En d'autres termes, trouver l'échéance commune à ces trois billets.

31. Un professeur, voulant distribuer des oranges à ses élèves, leur dit : si j'en donne 7 à chacun de vous, il m'en restera 18 ; mais si j'en donnais 10, il en manquerait 27. Combien y a-t-il d'élèves et combien le professeur a-t-il d'oranges ?

32. Une personne a des jetons dans chaque main : si elle en met 1 de la gauche dans la droite, il y en aura le même nombre dans chacune d'elles ; mais si elle en fait passer 2 de la droite dans la gauche, celle-ci en contiendra 3 fois plus. Combien cette personne a-t-elle de jetons dans chaque main ?

33. Un ouvrier a gagné 5 francs par jour pendant 19 jours et 3 francs par jour pendant un nombre de jours inconnu, mais il aurait eu la même somme en travaillant 38 jours et ne gagnant que 4 francs par jour. Pendant combien de jours a-t-il travaillé, à 3 francs par jour ?

34. Une personne doit payer à une autre 51 francs, mais elle n'a

d'autre monnaie que des pièces de 2 francs, tandis que l'autre n'a pour rendre que des pièces de 5 francs. Comment pourront-elles s'arranger ? Le problème est-il déterminé ?

35. La circonférence se divisant en 360 degrés, combien vaut, en mètres, le degré compté sur le méridien terrestre ?

36. Au bout de combien de temps un capital est-il triplé aux taux de 4, 5, 6 pour 100 par an ?

37. En partageant un nombre proportionnellement aux nombres 2, 5, 7, on a obtenu les trois nombres 40, 100, 140. Quel est le nombre partagé ?

38. Une somme de 12000 francs est placée à 6 p. %. Comment partager cette somme en deux parties, de sorte que plaçant l'une des parties à 8 p. % et l'autre à 5 pour %, on eût le même revenu ?

39. Un échiquier est un carré composé de 64 cases alternativement blanches et noires. Si on met un grain de blé sur la première, deux sur la seconde, quatre sur la troisième, et ainsi de suite, toujours en doublant, à combien s'élèvera le nombre de grains de blé ?

40. Trois joueurs conviennent que le perdant doublera l'argent des deux autres. Chaque joueur ayant perdu une partie, dans l'ordre indiqué par le rang des joueurs, il reste 24 francs à chacun d'eux. Combien chaque joueur avait-il d'argent en se mettant au jeu ?

41. Une femme porte des œufs au marché. Elle en vend d'abord la moitié et la moitié d'un. Puis elle vend la moitié de ce qui lui reste et la moitié d'un. Elle fait sept ventes consécutives de la même manière. Combien avait-elle d'œufs en supposant qu'elle les ait tous vendus.

42. Trouver un nombre de deux chiffres qui diffère de 63 de ce nombre renversé.

43. Exprimer le nombre 7 par une fraction dont le numérateur et le dénominateur soient composés des 9 chiffres significatifs, mais ne les renferment qu'une fois.

44. Quand on convertit $\frac{1}{7}$ en décimales, on obtient pour période 142857. Si on multiplie ce nombre par tous les nombres moindres que 7, on obtient pour produit des nombres composés des mêmes chiffres écrits dans un autre ordre. Existe-t-il d'autres nombres jouissant de la même propriété ?

45. Quel est le nombre qui, ajouté à son carré, donne 8 fois ce nombre ?

46. Combien peut-on faire d'argent monnayé avec 1 kilo d'argent pur ?

47. Une horloge, qui retarde de 7 minutes en 24 heures, est montée le 1er septembre à midi et peut ainsi marcher jusqu'au 15. Quelle heure sera-t-il le 12 septembre, quand cette horloge marquera 5 heures après midi.

48. Si l'une des roues d'une voiture a 4 mètres de contour, combien fera-t-elle de tours dans l'espace d'une lieue ?

49. Trouver la longueur en mètres de l'arc de 11 degrés 47 minutes.

FIN DES PROBLÈMES.

PROGRAMME OFFICIEL

ET TABLE DES MATIÈRES.

———

FIN DE LA TABLE DES MATIÈRES.

TOULOUSE. — Imprimerie de BONNAL et GIBRAC, rue Saint-Rome, 46.

www.ingramcontent.com/pod-product-compliance
Lightning Source LLC
Chambersburg PA
CBHW031327210326
41519CB00048B/3432